U0135240

Python
数据挖掘实战

数据陷阱与异常检测

刘　宁◎编著

中国铁道出版社有限公司

CHINA RAILWAY PUBLISHING HOUSE CO., LTD.

内 容 简 介

　　本书侧重于数据挖掘关键技术,并结合具体应用案例,形象展示了利用 Python 进行数据挖掘的具体方法。数据挖掘作为一个业务与技术相结合的交叉领域,本书在业务方面,涉及上市公司财务数据异常监测、金融行业信贷的逾期预判以及电商领域的刷单行为识别;在技术方面,涉及本福特定律、规模法则、决策树、AP 聚类等内容。

　　本书不仅适合大数据分析、数据挖掘、人工智能等方向的入门读者阅读,也可供业务(财务、证券、审计、电商等)与技术(Python 编程、数据挖掘等)交叉领域读者实践学习,同时还适合大中专院校学生,以及对 Python 感兴趣的读者阅读。

图书在版编目(CIP)数据

Python 数据挖掘实战:数据陷阱与异常检测/刘宁编著.—北京:
中国铁道出版社有限公司,2024.2
ISBN 978-7-113-17705-8

Ⅰ.①P… Ⅱ.①刘… Ⅲ.①数据采集 Ⅳ.①TP274

中国国家版本馆 CIP 数据核字(2023)第 181983 号

书　　名:**Python 数据挖掘实战——数据陷阱与异常检测**
　　　　　Python SHUJU WAJUE SHIZHAN:SHUJU XIANJING YU YICHANG JIANCE

作　　者:刘　宁

责任编辑:张　丹　　　　编辑部电话:(010)51873028　　　　电子邮箱:232262382@ qq. com

封面设计:宿　萌
责任校对:苗　丹
责任印制:赵星辰

出版发行:中国铁道出版社有限公司(100054,北京市西城区右安门西街 8 号)

网　　址:http://www.tdpress.com

印　　刷:河北京平诚乾印刷有限公司

版　　次:2024 年 2 月第 1 版　2024 年 2 月第 1 次印刷

开　　本:787 mm×1 092 mm 1/16　印张:13.25　字数:380 千

书　　号:ISBN 978-7-113-17705-8

定　　价:79.80 元

版权所有　侵权必究

凡购买铁道版图书,如有印制质量问题,请与本社读者服务部联系调换。电话:(010)51873174

打击盗版举报电话:(010)63549461

前　言

当我们打开搜索网站、手机 App 等,各类信息迎面扑来:某电商平台双 11 销售额达 5 403 亿,某城市就业率同比增长 10%,2021 年某国人均 GDP 超 1.2 万美元等。面对这些看似精确的数据,作者不经发出疑问:这些数据是怎么来的,是否值得相信? 由此萌生了创作本书的想法:通过数据挖掘,利用数据发现出现的谎言、造假、陷阱和异常等现象,帮助读者保持去伪存真、独立思考的能力。

本书主要以案例呈现 Python 编程的相关知识,书中每个章节相互独立,在安装好必要的库之后,可以单独运行,读者可以选择自己感兴趣的章节进行学习,而不必拘泥于章节顺序。

书中代码运行在 Windows 10 操作系统中,编程软件为 Anaconda 下的 Jupyter Notebook,编程语言版本为 Python 3.9.7。书中灰色底纹部分表示 Python 代码,以及代码输出内容。

全书共 6 章,以一个个具体的编程实例,图片、文字、表格、代码并茂,形象地展示了利用 Python 进行数据挖掘的具体方法。

章名	主要内容
第 1 章	介绍了 Python 编程的一些基础知识,可以将其当作工具手册,在实际运用中翻阅查询。如果已经有一定的 Python 基础,可以跳过该章节,选择其他感兴趣的章节进行学习
第 2 章	介绍了在数据采集、数据分析和数据呈现这三个阶段常见的数据陷阱,以及数据挖掘中可能遇到的一些问题
第 3 章	利用本福特定律,检验美股上市公司 Meta,以及 A 股某上市公司的年报是否存在造假嫌疑
第 4 章	根据规模法则,作为理论基础,从 A 股 4 000 余家上市公司中筛选出 N 家财务数据异常的上市公司
第 5 章	主要以机器学习中的决策树模型为理论基础,通过信用贷款数据的建模,训练出一个决策树分类模型,并将该模型用于逾期风险的预判
第 6 章	主要利用 AP 聚类算法(又称近邻传播算法),判断某电商平台是否存在刷单(刷评论)的行为

本书适用于以下人员或机构:

- 学习 Python 编程、大数据分析、数据挖掘、人工智能等专业方向的读者;
- 从事金融、审计、统计、营销等行业,希望向数据挖掘方向发展的跨专业读者;

- 从事相关课程的教师,本书案例丰富,可作为授课教师的演示示例;
- 对异常监测、预警有需求的主管部门、平台和公司;
- Python 编程培训机构。

为了方便不同网络环境的读者学习,也为了提升图书的附加价值,本书提供数据和代码文件,请读者在电脑端打开链接下载获取。

下载地址:http://www.m.crphdm.com/2023/1027/14650.shtml。

本书的出版,首先要感谢编辑老师的辛苦付出,从选题策划到内容编写,每一步编辑老师都给予了耐心的指导,给我很大的鼓励,也带给我持续创作的动力。同时感谢我的朋友们,感谢你们对建模数据的贡献。还要感谢在财务、证券等领域的朋友对相关业务方面的指导。

由于 Python 版本及各个依赖库的更新,以及作者水平有限等,书中难免存在不足之处,敬请广大读者批评指正。

刘　宁

2023 年 10 月

目 录

第1章

Python编程基础知识

本章主要介绍 Python 的一些具体用法,从编程环境安装到数据读取,从数据处理到数据呈现,以具体的示例,展现数据分析的执行过程。如果你有一定的 Python 编程基础,则可跳过本章内容,直接选择其他感兴趣的章节进行学习。

1.1 Python 编程快速入门

本节将从初学者的视角,用通俗的语言介绍快速入门 Python 编程的方法。

1.1.1 快速入门的几个问题

Python 是什么?在哪里编程?什么是 Python 库?这些问题可能是我们初次接触 Python 时产生的疑问,下面笔者结合自身的体会,用通俗的语言,具体解释一下这些问题。

1. Python 是什么

Python 是一种计算机编程语言,其和 C、C++、Java 等语言一样,作为一种计算机编程语言,由于其简洁易懂的特点,对初学者较为友好,因此受到广泛关注和使用。

2. 在哪儿编程

本书主要是在 Anaconda 下的 Jupyter Notebook 里编程。Anaconda 的安装方法将在 1.1.2 小节介绍。我们可以将 Python 视为一种编程语言,而 Anaconda 则被视为一种集成开发环境。举个例子,进行文字编辑可能会用到 Word 之类的工具,而 Jupyter Notebook 相当于文字编辑中的 Word。除了 Jupyter Notebook 外,还可以使用 Anaconda 下的 Spyder,以及 PyCharm 等工具。此外,还有一些在线的编程平台,这里就不再介绍了。

3. 什么是 Python 库

按照笔者的理解,Python 库相当于将某些已经实现的功能进行封装,在导入该库后,直接调用相关功能,从而减少了重新开始操作的工作量。Python 有着丰富的库,比如 NumPy 库主要用于科学计算,pandas 库主要用于数据处理,Matplotlib 库主要用于绘图等。

4. 小白学会 Python 可以做什么

目前,Python 应用的领域越来越广,主要集中在以下几个方面:一是进行数据的获取,比如利用爬虫的方法,从网站中爬取一些公开的数据;二是进行大量的数据整理工作,比如对 Excel 表格进行增、删、改、查等操作,以及对批量数据的整理,进而提高工作效率;三是数据的统计分析,借助 Python 丰富的第三方库,用图表直观地展示数据的分布情况;四是进行人工智能方向的研究,比如利用机器学习、深度学习等技术,进行算法方面的研究等。此外,还有其他业务领域的应用,比如金融领域的量化交易和 IT 领域的软件开发等。

1.1.2 安装 Anaconda

在对 Python 编程有了基本的了解之后,本小节将详细讲解 Python 编程软件 Anaconda 的安装操作。

1. 下载安装 Anaconda 软件

读者可以在 Anaconda 的官网下载与自己电脑对应版本的 Anaconda 软件,笔者的操作系统是 Windows 10,选择版本如图 1-1 所示。

图 1-1　Anaconda 下载页面

下载并安装完成后,单击电脑的"开始"按钮,便可以发现安装好的 Anaconda 软件包,如图 1-2 所示,其中包含 Anaconda Navigator(Anaconda3)、Jupyter Notebook(Anaconda3)等软件。

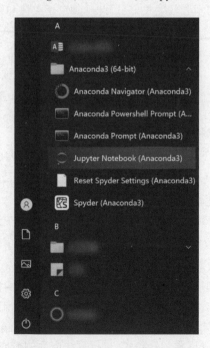

图 1-2　Anaconda 安装完成界面

2. 启动 Jupyter Notebook 代码编辑页面

首先单击图 1-2 中的 Jupyter Notebook(Anaconda3),便可以启动具体的编程工具,如图 1-3 所示。

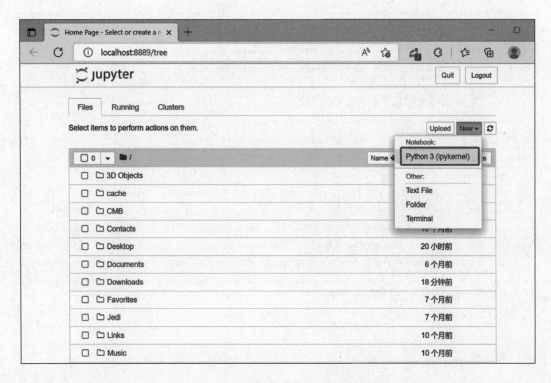

图 1-3　Jupyter Notebook 启动界面

接着选择图 1-3 中的 "New→Python 3（ipykernel）" 选项，便可以新建具体的编程页面，如图 1-4 所示，用户可以在图 1-4 中的文本框 "In[ ]:" 后面编写代码。

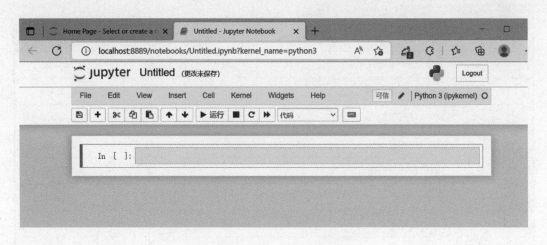

图 1-4　Jupyter Notebook 编程界面

3. 库安装

对于 Anaconda 未安装的库，可以选择图 1-2 中的 Anaconda Prompt（Anaconda3）选项启动该软件，再通过输入 "pip install 库名" 的方式进行安装，安装界面如图 1-5 所示。

```
选择 管理员: Anaconda Prompt (Anaconda3)                                          —  □  ×

(base) C:\Users\ASUS>pip install pdfplumber
WARNING: Ignoring invalid distribution -mpy (c:\programdata\anaconda3\lib\site-packages)
WARNING: Ignoring invalid distribution -ikit-learn (c:\programdata\anaconda3\lib\site-packages)
WARNING: Ignoring invalid distribution -umpy (c:\programdata\anaconda3\lib\site-packages)
WARNING: Ignoring invalid distribution -mpy (c:\programdata\anaconda3\lib\site-packages)
WARNING: Ignoring invalid distribution -ikit-learn (c:\programdata\anaconda3\lib\site-packages)
WARNING: Ignoring invalid distribution - (c:\programdata\anaconda3\lib\site-packages)
WARNING: Ignoring invalid distribution -cikit-learn (c:\programdata\anaconda3\lib\site-packages)
WARNING: Ignoring invalid distribution -mpy (c:\programdata\anaconda3\lib\site-packages)
WARNING: Ignoring invalid distribution -ikit-learn (c:\programdata\anaconda3\lib\site-packages)
WARNING: Ignoring invalid distribution -umpy (c:\programdata\anaconda3\lib\site-packages)
WARNING: Ignoring invalid distribution -mpy (c:\programdata\anaconda3\lib\site-packages)
WARNING: Ignoring invalid distribution -ikit-learn (c:\programdata\anaconda3\lib\site-packages)
WARNING: Ignoring invalid distribution - (c:\programdata\anaconda3\lib\site-packages)
WARNING: Ignoring invalid distribution -cikit-learn (c:\programdata\anaconda3\lib\site-packages)
Collecting pdfplumber
  Using cached pdfplumber-0.7.4-py3-none-any.whl (40 kB)
Requirement already satisfied: Pillow>=9.1 in c:\programdata\anaconda3\lib\site-packages (from pdfplumber) (9.2.0)
Requirement already satisfied: Wand>=0.6.7 in c:\programdata\anaconda3\lib\site-packages (from pdfplumber) (0.6.10)
Requirement already satisfied: pdfminer.six==20220524 in c:\programdata\anaconda3\lib\site-packages (from pdfplumber) (2
0220524)
Requirement already satisfied: charset-normalizer>=2.0.0 in c:\programdata\anaconda3\lib\site-packages (from pdfminer.si
x==20220524->pdfplumber) (2.0.4)
Requirement already satisfied: cryptography>=36.0.0 in c:\programdata\anaconda3\lib\site-packages (from pdfminer.six==20
220524->pdfplumber) (37.0.4)
Requirement already satisfied: cffi>=1.12 in c:\programdata\anaconda3\lib\site-packages (from cryptography>=36.0.0->pdfm
iner.six==20220524->pdfplumber) (1.14.6)
Requirement already satisfied: pycparser in c:\programdata\anaconda3\lib\site-packages (from cffi>=1.12->cryptography>=3
6.0.0->pdfminer.six==20220524->pdfplumber) (2.20)
```

图 1-5　库安装界面图

1.1.3　第一个案例

下面用一个具体的案例,从数据读取到数据统计,再到数据呈现,完整展现数据分析的过程。假设有一个名为"01_weather202011. xlsx"的文件,其内容见表 1-1。这里的目标是读取该 Excel 文件,并对"weather"列的天气情况进行统计,最后用饼图展示天气的分布情况。

表 1-1　天气情况表

	date	maxTem	minTem	weather	wind
0	2020-11-01 星期日	27 ℃	20 ℃	晴	东风 2 级
1	2020-11-02 星期一	27 ℃	21 ℃	晴	东北风 3 级
2	2020-11-03 星期二	25 ℃	20 ℃	多云	东北风 3 级
3	2020-11-04 星期三	25 ℃	20 ℃	晴	东风 2 级
4	2020-11-05 星期四	27 ℃	21 ℃	晴	东风 2 级
…	…	…	…	…	…
25	2020-11-26 星期四	29 ℃	19 ℃	晴	东北风 2 级
26	2020-11-27 星期五	24 ℃	17 ℃	晴	东北风 3 级
27	2020-11-28 星期六	22 ℃	15 ℃	晴	东北风 3 级
28	2020-11-29 星期日	22 ℃	16 ℃	晴	东北风 3 级
29	2020-11-30 星期一	21 ℃	15 ℃	晴	东北风 3 级

如图 1-6 所示,首先在 Jupyter Notebook 中输入了相应代码,之后点击图中的"重新运行代码"按钮,便可重新运行整个程序。

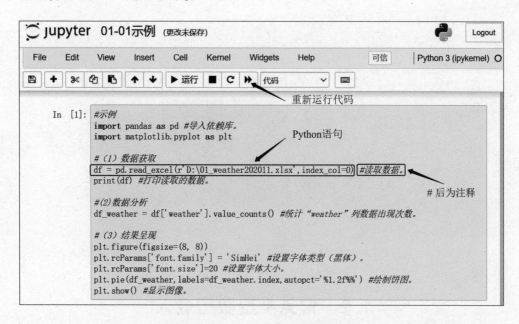

图 1-6　第一个完整案例示意图

在图 1-6 中,"#"后面的内容表示注释内容,主要用于说明此行代码的功能、用途,注释一般不被计算机执行。import pandas as pd 语句用于导入相应的 Python 库,本段程序使用了 pandas 数据处理库,以及 Matplotlib 数据可视化库。

首先,使用 pd.read_excel()语句,读取"01_weather202011.xlsx"文件,使用 print()语句打印读取的数据,显示结果如下:

```
Out[]:

          date        maxTem     minTem     weather       wind
0    2020-11-01 星期日    27 ℃      20 ℃         晴       东风 2 级
1    2020-11-02 星期一    27 ℃      21 ℃         晴       东北风 3 级
2    2020-11-03 星期二    25 ℃      20 ℃        多云       东北风 3 级
3    2020-11-04 星期三    25 ℃      20 ℃         晴       东风 2 级
4    2020-11-05 星期四    27 ℃      21 ℃         晴       东风 2 级
...        ...          ...        ...         ...         ...
25   2020-11-26 星期四    29 ℃      19 ℃         晴       东北风 2 级
26   2020-11-27 星期五    24 ℃      17 ℃         晴       东北风 3 级
27   2020-11-28 星期六    22 ℃      15 ℃         晴       东北风 3 级
28   2020-11-29 星期日    22 ℃      16 ℃         晴       东北风 3 级
29   2020-11-30 星期一    21 ℃      15 ℃         晴       东北风 3 级
```

之后,使用 value_counts()函数,统计"weather"列数据的分布情况。

最后,使用 plt.pie()语句,绘制"weather"列数据分布的饼图。通过图 1-7 所示可以看出,晴天占比为 66.67%,多云占比为 26.67%,阴天占比为 6.67%。

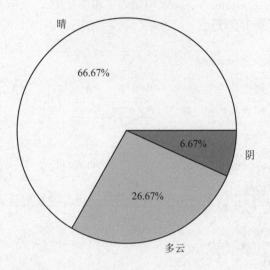

图 1-7　天气情况分布饼图

1.2　常见类型数据载入

数据载入是数据分析的起点,本节将重点介绍工作中常见的表格、文本、图像、视频等类型数据的载入方式。

1.2.1　读取 Excel 文件

Excel 作为常用的办公软件,也承载着大量的数据信息,本书其他章节的一些数据,多是以 Excel 文件格式保存的,接下来将介绍如何利用 pandas 库读取 Excel 文件,代码如下:

```
#读取 Excel 数据
import pandas as pd #导入依赖库。

df = pd. read_excel(r'D:\01_weather202011.xlsx',index_col=0) #读取数据。
print(df) #打印读取的数据。
```

该例和 1.1.3 节中第一个案例是相同的,使用 pd. read_excel()语句,读取 Excel 文件,显示结果见 1.1.3 小节中内容。

1.2.2　读取 txt 文件

对于文本数据,常见的保存格式有 txt、word、pdf、html 等,本小节将重点展示 txt 文本数据的读取方式。这里有一个文件名为"04《红楼梦》开头 . txt"的文本文件,如图 1-8 所示,下面通过 pandas 库读取其中的文本数据。

```
#读取 txt 文件
import pandas as pd #导入依赖库。

df = pd. read_table(r'D:\04《红楼梦》开头 . txt') #读取 txt 数据。
print(df) #打印读取的数据。
```

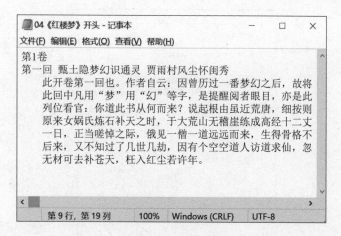

图 1-8　txt 文本文件

通过使用 pd. read_table()语句,将参数改为文件存放路径便可读取 txt 文件,内容如下:

	第 1 卷
0	第一回 甄士隐梦幻识通灵 贾雨村风尘怀闺秀
1	此开卷第一回也。作者自云:因曾历过一番梦幻之后,故将真事隐去,而借"通灵"…
2	此回中凡用"梦"用"幻"等字,是提醒阅者眼目,亦是此书立意。
3	列位看官:你道此书从何而来? 说起根由虽近荒唐,细按则深有趣味。待在下将此…
4	原来女娲氏炼石补天之时,于大荒山无稽崖练成高经十二丈,方经二十四丈顽石…
5	一日,正当嗟悼之际,俄见一僧一道远远而来,生得骨骼不凡,丰神迥异,说说笑…
6	后来,又不知过了几世几劫,因有个空空道人访道求仙,忽从这大荒山无稽崖青埂…
7	无材可去补苍天,枉入红尘若许年。

1.2.3　读取 pdf 文件

　　pdf 作为常见的文件格式之一,本小节的主要学习目标便是通过 Python 编程,获取 pdf 文件中所有的文本数据。关于 pdf 文件的读取,可以尝试使用 pdfplumber、pdfminer、PyPDF2、textract、Apache Tika 库等,这里选择了使用较为简单的 pdfplumber 库对文件进行读取(本例在 3.3.1 节将有更详细的讲述)。

　　下面通过公开网站下载了一份"某股份有限公司的年度报告.pdf"文件,如图 1-9 所示。本节的主要目标便是通过 Python 编程,获取该 pdf 文件中所有的文本数据,具体代码如下:

```python
#读取 pdf 中的文本数据
import pdfplumber


path = r'……\(2021 年).pdf'
#年报保存路径,这里需要改为您的存储路径。
pdf=pdfplumber.open(path) #打开 pdf 文件。
pages=pdf.pages #获取所有页的信息。
text_all=[] #创建一个空列表。
for page in pages: #遍历所有页的数据。
    text = page.extract_text() #extract_text 函数用于提取当前页的文本数据。
    text_all.append(text) #追加到 text_all 列表中。
text_all=''.join(text_all) #把 text_all 的列表转化成字符串。
print(text_all)
pdf.close() #关闭 pdf 文件。
```

图 1-9　pdf 文件

注意：本段程序是在安装好 pdfplumber 库之后运行的。

首先，使用 pdfplumber. open(path) 语句载入了一个 pdf 格式的文件，使用 df. pages 语句获取 pdf 文件中所有页面的信息。接着，通过 for 循环，对每一页 pdf 文件使用 page. extract_text() 语句，提取每一页的文本数据。最后，将所有 pdf 文件追加到空列表 text_all 中，便获取了整个 pdf 文件的文本数据，其中部分数据如下：

```
2021 年年度报告
公司代码：600519                                                公司简称：贵州茅台

贵州茅台酒股份有限公司
2021 年年度报告


1 / 124
重要提示
一、本公司董事会、监事会及董事、监事、高级管理人员保证年度报告内容的真实性、准确性、
完整性，不存在虚假记载、误导性陈述或重大遗漏，并承担个别和连带的法律责任。

二、未出席董事情况
未出席董事职务　未出席董事姓名　未出席董事的原因说明　被委托人姓名
独立董事　陆金海　疫情防控原因　章靖忠

三、天职国际会计师事务所(特殊普通合伙)为本公司出具了标准无保留意见的审计报告。

四、公司负责人丁雄军、主管会计工作负责人蒋焰及会计机构负责人(会计主管人员)蔡聪应声
明：保证年度报告中财务报告的真实、准确、完整。

五、董事会决议通过的本报告期利润分配预案或公积金转增股本预案
以 2021 年年末总股本 125 619.78 万股为基数，对公司全体股东每 10 股派发现金红利 216.75 元(
含税)，共分配利润 27 228 087 315.00 元，剩余 133 488 774 605.19 元留待以后年度分配。以上利润
分配预案需提交公司股东大会审议通过后实施。
```

1.2.4　网页文本数据获取

网页作为文本、图片、视频等多种类型数据的综合载体,可以采用爬虫的方式来获取想要的数据,本节我们将重点介绍如何获取某网页的文本数据。

如图 1-10 所示为一个网站首页的信息,接下来便通过 Selenium 库,使用爬虫的方法,获取该网页中的文本数据。

图 1-10　网站首页

获取网页中的文本数据具体代码如下:

```
#获取网页中的文本数据
from selenium import webdriver


driver =webdriver.Chrome(r'……\chromedriver.exe')
#启动浏览器,这里省略了驱动在本机的存放路径。
#浏览器驱动下载地址:https://npm.taobao.org/mirrors/chromedriver/
driver.get('https://www.sec.gov') #打开网站。
element = driver.find_element_by_css_selector('body')
web_text = element.text #获取网页文本内容。
print(web_text)
```

本段程序是在安装好 Selenium 库之后运行的。

首先,通过 webdriver.Chrome() 语句,启动浏览器,由于 Selenium 暂时没有自带的浏览器驱动,则需要下载对应的驱动。接着,使用 driver.get() 语句打开相应网页。之后,通过 driver.find_element_by_css_selector('body') 语句获取网页内容。然后,通过 element.text 语句获取网页的文本内容,实现类似人工操作中"全选""复制"的动作。最后获取的网页数据如下:

```
Skip to main content
Search SEC.gov
COMPANY FILINGS
U. S. SECURITIES AND
EXCHANGE COMMISSION
ABOUT
DIVISIONS & OFFICES
ENFORCEMENT
REGULATION
EDUCATION
FILINGS
NEWS
BUILDING COMMUNITIES
The SEC protects investors in the $3.8 trillion municipal securities markets that cities
and towns rely on to provide neighborhood schools, local libraries and hospitals, public
parks, safe drinking water and so much more.
WE INFORM AND PROTECT INVESTORS
WE FACILITATE CAPITAL FORMATION
WE ENFORCE FEDERAL SECURITIES LAWS
WE REGULATE SECURITIES MARKETS
WE PROVIDE DATA
```

1.2.5　图片数据读取

在 Python 编程中，许多库都可以实现图片数据的载入，本小节则是使用较为常见的 OpenCV 库，读取一张图片并进行显示，代码如下：

```
#图片数据读取
import matplotlib.pyplot as plt
import cv2

img = cv2.imread(r'D:\06people.jpg') #按地址读取图片。
img_rgb = cv2.cvtColor(img,cv2.COLOR_BGR2RGB) #图片转变成RGB格式。
plt.figure(figsize=(20,12)) #设置图片大小。
plt.imshow(img_rgb) #显示图片。
plt.axis('off') #坐标轴刻度不显示。
plt.show()
```

本段程序中，首先，通过"pip install opencv-python"语句，安装 OpenCV 库。之后，在导入依赖库后，通过 cv2.imread()语句读取相应的图片，通过 cv2.cvtColor()语句，将图片转换为 RGB 格式的图片。最后，使用 plt.imshow()等语句显示该图片，如图 1-11 所示。

图像处理作为机器视觉等的基础，其涉及较多知识点，这里不再展开讲解。

1.2.6　视频数据读取

视频数据作为图片数据的延伸，这里仍使用 OpenCV 库，读取一段视频数据，并进行显示，代码如下：

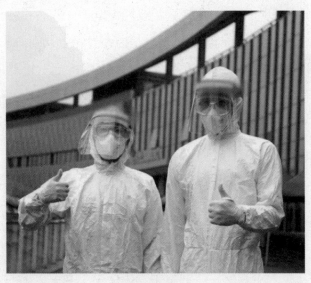

图 1-11　OpenCV 库读取(显示)图片

```
#读取视频
import cv2

cap = cv2.VideoCapture(r'D:\07video.mp4')
while(cap.isOpened()):
    ret, frame = cap.read() #读取视频帧。
    if ret: #视频未播放完毕,继续显示。
        cv2.imshow('image', frame)
        k = cv2.waitKey(20)
    else:
        break
cap.release()
cv2.destroyAllWindows() #关闭窗口。
```

本段程序中,首先使用 cv2.VideoCapture()语句,读取了指定路径下的视频文件。接着通过 while 循环,显示每一帧图片。

至此,部分常见类型数据的载入方式已经介绍完毕,但对数据库中数据的读取、音频数据的读取等,本节也未做过多介绍,有兴趣的读者可以查阅相关资料进行自学。

1.3　pandas 数据处理

pandas 库作为 Python 中最常用的库之一,在数据载入、数据处理等方面都经常用到。本节主要介绍如何利用 pandas 库对 Excel 等表格类数据进行处理。主要涉及数据的增删改查、日期处理、函数应用等操作,内容相对较多,读者不必刻意去记忆,可以在实际运用的过程中再进行查阅。

1.3.1　pandas 中的数据结构

本小节将重点介绍 pandas 库中两种基础的数据结构:即 Series 和 DataFrame,可以将 Series 看作是标量的容器,DataFrame 看作是 Series 的容器。

1. Series

Series 用于存储一行或者一列的数据,以及相应的索引,其结构如图 1-12 所示,其中 index 为索引,value 为索引对应的值。

2. DataFrame

DataFrame 类似于 Excel 中的二维表格,其结构如图 1-13 所示,包含了索引、列名、具体值等信息。

index	value
0	2017
1	2018
2	2019
3	2020
4	2021
5	2022

图 1-12　Series 示意图

索引 →

列名 ←

	date	maxTem	minTem	weather	wind
0	2020-12-01 星期日	22	16	晴	东北风 3级
1	2020-12-02 星期一	22	16	晴	东北风 3级
2	2020-12-03 星期二	22	14	晴	
3	2020-12-04 星期三	18	13	晴	东北风 4级
4	2020-12-05 星期四	18	13	晴	东北风 4级

图 1-13　DataFrame 示意图

1.3.2　创建 DateFrame 数据表

一般情况下,可以通过 1.2.1 节中提到的读取文件的方法,直接读取 Excel 等表格数据,也可以利用 Python 创建 DataFrame 数据表,本小节将利用字典和列表两种方法创建数据表。

1. 利用字典创建数据表

字典(dict)作为 Python 中的基本语法,其一般由"{}"组成,字典中的每一项以半角的逗号","隔开,每一项包含 key 与 value,字典的每一个元素是无序的。下面讲解使用字典形式的数据创建 DataFrame 数据表,代码如下:

```
#利用字典创建数据表
import numpy as np
import pandas as pd

df = pd.DataFrame({'date':[ "2020-12-01 星期日","2020-12-02 星期一",
                   "2020-12-03 星期二", "2020-12-04 星期三",
                   "2020-12-05 星期四"],
          'maxTem':[22,22, 22, 18, 18],
          'minTem':[16, 16,14, 13, 13],
          'weather':'晴',
          'wind':["东北风 3级","东北风 3级", np.nan,"东北风 4级",
                   "东北风 4级"]

          })
df #输出数据表。
```

使用 pd. DataFrame( )语句创建 DataFrame 数据表,结果如图 1-14 所示。

	date	maxTem	minTem	weather	wind
0	2020-12-01 星期日	22	16	晴	东北风 3级
1	2020-12-02 星期一	22	16	晴	东北风 3级
2	2020-12-03 星期二	22	14	晴	NaN
3	2020-12-04 星期三	18	13	晴	东北风 4级
4	2020-12-05 星期四	18	13	晴	东北风 4级

图 1-14　利用字典创建的数据表

2. 利用列表创建数据表

列表(list)一般由"[ ]"及其中的元素组成,以半角的逗号隔开每个元素。下面使用列表形式的数据创建 DataFrame 数据表,代码如下:

```
#利用列表创建数据表
import numpy as np
import pandas as pd

s = [[1,2,3,4],
    [5,6,7,8],
    [9,10,11,12]] #定义列表数据。
df = pd. DataFrame(s,
            index=['第 0 行','第 1 行','第 2 行'], #索引名称。
            columns=['第 0 列','第 1 列','第 2 列','第 3 列'] #列名称。
            )
df #输出数据表。
```

在 pd. DataFrame( )语句中指定了 index(索引名)、columns(列名)两个参数,结果如图 1-15 所示。

	第0列	第1列	第2列	第3列
第0行	1	2	3	4
第1行	5	6	7	8
第2行	9	10	11	12

图 1-15　利用列表创建的数据表

1.3.3　查看数据集基本信息

本小节的主要目标是查看 DataFrame 数据表的行列数、缺失情况等基本信息。

1. 查看基本信息

查看数据集基本信息代码如下:

```
In[1]:#查看数据集基本信息
import pandas as pd
```

```
import numpy as np

df = pd.DataFrame({'date':[ "2022 年 9 月 1 日","2022 年 9 月 2 日",
                            "2022 年 9 月 3 日","2022 年 9 月 4 日",
                            "2022 年 9 月 5 日"],
                  'maxTem':[22,22, 22, 18, 18],
                  'minTem':[16, 16,14, 13, 13],
                  'weather':['晴','雨','晴','雨','晴'],
                  'wind':["东北风 3 级","东北风 3 级", np.nan,
                          "东北风 4 级","东北风 4 级"]
                  })
print(df.info()) #查看基本信息。
```

通过 print(df.info()) 语句打印了数据表的基本信息,结果如下:

```
Out[1]:

<class 'pandas.core.frame.DataFrame'>
RangeIndex: 5 entries, 0 to 4
Data columns (total 5 columns):
 #   Column    Non-Null Count   Dtype
---  ------    --------------   -----
 0   date      5 non-null       object
 1   maxTem    5 non-null       int64
 2   minTem    5 non-null       int64
 3   weather   5 non-null       object
 4   wind      4 non-null       object
dtypes: int64(2), object(3)
memory usage: 328.0+ bytes
None
```

可以看出数据表包含了 date、maxTem、minTem、weather、wind 五行五列的数据,其中"wind"列数据出现了缺失值。由于本例中数据表相对较小,可以直观地查看数据分布的情况,而当分析较大的数据集时,该语句可以帮助我们快速查看数据集的基本信息。

2. 查看缺失信息

打印缺失值代码如下:

```
In[2]:#打印缺失值
      print(df.isnull().sum()) #打印缺失值。
```

通过使用 df.isnull().sum() 语句统计了 DataFrame 数据表的缺失信息,可以看出"wind"列出现了 1 个缺失值,结果如下:

```
Out[2]:

date      0
maxTem    0
minTem    0
weather   0
wind      1
dtype: int64
```

3. 输出统计信息

输出统计信息代码如下：

```
In[3]:#输出统计信息
    print(df.describe()) #打印统计数据。
```

通过使用 df. describe() 语句输出了数据表的最大值、最小值、中位数等，由于部分列为其他类型的字符串(无法计算最大值、最小值等)，这里只输出了"maxTem、minTem"两列数据，结果如下：

```
Out[3]:

         maxTem    minTem
count   5.00000   5.000000
mean   20.40000  14.400000
std     2.19089   1.516575
min    18.00000  13.000000
25%    18.00000  13.000000
50%    22.00000  14.000000
75%    22.00000  16.000000
max    22.00000  16.000000
```

4. 输出数据集行列数

输出行列数代码如下：

```
In[4]:#输出行列数
    print(df.shape) #数据集行列数。
```

通过使用 df. shape 语句输出了数据表的行、列数，结果如下：

```
Out[4]:

(5, 5)
```

1.3.4　增加行、列

增删改查作为数据处理中常见的操作,本小节主要介绍如何利用 pandas 库,对数据表进行增加行、列数据的操作。

1. 增加行

增加 1 行数据代码如下：

```
In[1]:#增加 1 行数据
    import numpy as np
    import pandas as pd

    df = pd.DataFrame({'date':["2020-12-01 星期日","2020-12-02 星期一",
                    "2020-12-03 星期二", "2020-12-04 星期三",
                    "2020-12-05 星期四"],
                'maxTem': [22,22, 22, 18, 18],
                'minTem':[16, 16,14, 13, 13],
                'weather': '晴',
                'wind': ["东北风 3 级","东北风 3 级", np.nan,
                    "东北风 4 级", "东北风 4 级"]
```

```
                              })
      df.loc[5] = ['2020-12-06 星期五',19,13,'雨','东北风 5 级'] #增加 1 行。
      df
```

通过使用 df.loc[5]语句在 DataFrame 尾部增加了 1 行数据,结果如图 1-16 所示。此外,增加行,也可以通过"合并、连接"等操作来实现,这部分内容将在后文中进行介绍。

	date	maxTem	minTem	weather	wind
0	2020-12-01 星期日	22	16	晴	东北风 3级
1	2020-12-02 星期一	22	16	晴	东北风 3级
2	2020-12-03 星期二	22	14	晴	NaN
3	2020-12-04 星期三	18	13	晴	东北风 4级
4	2020-12-05 星期四	18	13	晴	东北风 4级
5	2020-12-06 星期五	19	13	雨	东北风 5级

图 1-16　增加行示意图

2. 增加列

增加 1 列数据代码如下:

```
In[2]:#增加 1 列数据
      import numpy as np
      import pandas as pd

      df = pd.DataFrame({'date':["2020-12-01 星期日","2020-12-02 星期一",
                        "2020-12-03 星期二","2020-12-04 星期三",
                        "2020-12-05 星期四"],
                        'maxTem':[22,22, 22, 18, 18],
                        'minTem':[16, 16,14, 13, 13],
                        'weather':'晴',
                        'wind':["东北风 3 级","东北风 3 级",np.nan,
                        "东北风 4 级","东北风 4 级"]
                        })
      df['city'] = ['城市 A','城市 B','城市 C','城市 D','城市 E'] #增加 1 列。
      df
```

通过使用 df['city']语句增加了 1 列名称为"city"的数据,结果如图 1-17 所示。

	date	maxTem	minTem	weather	wind	city
0	2020-12-01 星期日	22	16	晴	东北风 3级	城市A
1	2020-12-02 星期一	22	16	晴	东北风 3级	城市B
2	2020-12-03 星期二	22	14	晴	NaN	城市C
3	2020-12-04 星期三	18	13	晴	东北风 4级	城市D
4	2020-12-05 星期四	18	13	晴	东北风 4级	城市E

图 1-17　增加列示意图

1.3.5　删除行、列

本小节将介绍如何删除 DataFrame 数据表中指定的数据。

1. 按索引删除指定行

删除指定行数据代码如下：

```
In[1]:#删除指定行数据
    import numpy as np
    import pandas as pd

    df = pd.DataFrame({'date':["2020-12-01 星期日","2020-12-02 星期一",
                               "2020-12-03 星期二","2020-12-04 星期三",
                               "2020-12-05 星期四"],
                  'maxTem':[22,22, 22, 18, 18],
                  'minTem':[16, 16,14, 13, 13],
                  'weather':'晴',
                  'wind':["东北风 3级","东北风 3级", np.nan,
                          "东北风 4级","东北风 4级"]
                 })
    df = df.drop([0,1,3],axis=0) #删除指定行,axis=0表示删除行。
    df
```

通过使用 df. drop([0,1,3], axis = 0) 语句删除了数据表中索引为 0、1、3 的数据,结果如图 1-18 所示。此外,也可以通过下文"筛选"的方式,删除指定的行。

	date	maxTem	minTem	weather	wind
0	2020-12-01 星期日	22	16	晴	东北风 3级
1	2020-12-02 星期一	22	16	晴	东北风 3级
2	2020-12-03 星期二	22	14	晴	
3	2020-12-04 星期三	18	13	晴	东北风 4级
4	2020-12-05 星期四	18	13	晴	东北风 4级

	date	maxTem	minTem	weather	wind
2	2020-12-03 星期二	22	14	晴	
4	2020-12-05 星期四	18	13	晴	东北风 4级

图 1-18　删除行示意图

2. 删除列

删除列数据代码如下：

```
In[2]:#删除列数据
      import numpy as np
      import pandas as pd

      df = pd.DataFrame({'date':[ "2020-12-01 星期日","2020-12-01 星期日",
                                 "2020-12-03 星期二", "2020-12-04 星期三",
                                 "2020-12-01 星期日"],
                      'maxTem': [22,22, 22, 18, 22],
                      'minTem':[16, 16,14, 13, 16],
                      'weather':'晴',
                      'wind': ["东北风 3级","东北风 3级", np.nan,
                              "东北风 4级", "东北风 3级"]
                      })
      df = df.drop('wind',axis=1) #删除1列,aixs=1 表示列。
      # df = df.drop(['wind','weather'],axis=1) #删除多列。
      # del df['wind'] #另一种删除列数据的方法。
      df
```

通过使用 df.drop('wind',axis=1)语句删除了名称为"wind"的列,结果如图 1-19 所示。在上述代码中,还介绍了另外两种删除列数据的方式,读者可以自行尝试。

	date	maxTem	minTem	weather	wind
0	2020-12-01 星期日	22	16	晴	东北风 3级
1	2020-12-01 星期日	22	16	晴	东北风 3级
2	2020-12-03 星期二	22	14	晴	
3	2020-12-04 星期三	18	13	晴	东北风 4级
4	2020-12-01 星期日	22	16	晴	东北风 3级

	date	maxTem	minTem	weather
0	2020-12-01 星期日	22	16	晴
1	2020-12-01 星期日	22	16	晴
2	2020-12-03 星期二	22	14	晴
3	2020-12-04 星期三	18	13	晴
4	2020-12-01 星期日	22	16	晴

图 1-19　删除列示意图

1.3.6　筛选

本小节将介绍如何从 DataFrame 数据表中筛选出满足特定条件的数据。本段程序将尝试从数据表中筛选出"wind"列中含有"东北风 4级"的数据,代码如下:

```
#筛选特定行
import numpy as np
import pandas as pd

df = pd.DataFrame({'date':[ "2020-12-01 星期日","2020-12-02 星期一",
```

```
                "2020-12-03 星期二", "2020-12-04 星期三",
                "2020-12-05 星期四"],
      'maxTem':[19,20,22,18,20],
      'minTem':[16,16,14,13,13],
      'weather':'晴',
      'wind':["东北风 3 级","东北风 3 级", np.nan,"东北风 4 级",
      "东北风 4 级"]
            })
df = df[df['wind']=='东北风 4 级'] #筛选相应行。
# df = df[df['maxTem']>=20] #筛选相应行。
df
```

通过使用 df[df['wind']=='东北风 4 级'] 语句,筛选出"wind"列中值为"东北风 4 级"的
数据,结果如图 1-20 所示。

	date	maxTem	minTem	weather	wind
0	2020-12-01 星期日	19	16	晴	东北风 3级
1	2020-12-02 星期一	20	16	晴	东北风 3级
2	2020-12-03 星期二	22	14	晴	
3	2020-12-04 星期三	18	13	晴	东北风 4级
4	2020-12-05 星期四	20	13	晴	东北风 4级

	date	maxTem	minTem	weather	wind
3	2020-12-04 星期三	18	13	晴	东北风 4级
4	2020-12-05 星期四	20	13	晴	东北风 4级

图 1-20　筛选特定数据

也可以按照其他条件语句进行筛选,比如图 1-21 中,使用 df[df['maxTem']>=20]语句,
筛选出了"maxTem"列大于等于 20 的数据。

	date	maxTem	minTem	weather	wind
0	2020-12-01 星期日	19	16	晴	东北风 3级
1	2020-12-02 星期一	20	16	晴	东北风 3级
2	2020-12-03 星期二	22	14	晴	
3	2020-12-04 星期三	18	13	晴	东北风 4级
4	2020-12-05 星期四	20	13	晴	东北风 4级

	date	maxTem	minTem	weather	wind
1	2020-12-02 星期一	20	16	晴	东北风 3级
2	2020-12-03 星期二	22	14	晴	
4	2020-12-05 星期四	20	13	晴	东北风 4级

图 1-21　按条件筛选特定数据

1.3.7 选择指定数据

接下来将通过直观的图表,介绍如何从 DataFrame 中指定的选择行、列和块等数据。

1. 行选择

(1)选择某一行数据,代码如下:

```
#选择行数据
import numpy as np
import pandas as pd

df = pd.DataFrame({'date':[ "2020-12-01","2020-12-02", "2020-12-03",
                           "2020-12-04", "2020-12-05"],
                  'maxTem':[22,22, 22, 18, 18],
                  'minTem':[16, 16,14, 13, 13],
                  'weather':['晴','雨','雨','晴','晴'],
                  'wind':["3级","3级", np.nan,"4级", "4级"]
                  })
df = df.loc[2] #选择索引为2的序列(Series格式)。
# df = df.loc[2:2] #DataFrame格式。
# df = df[2:3] #DataFrame格式。
print(type(df))#输出数据格式。
print(df)
```

通过使用 df.loc[2]语句,选择索引为 2 的数据,结果如下:

```
<class 'pandas.core.series.Series'>
date        2020-12-03
maxTem      22
minTem      14
weather     雨
wind        NaN
Name: 2,dtype: object
```

除了 df.loc[2]语句,在图 1-22 中还展示了其他方法。

	date	maxTem	minTem	weather	wind	
0	2020-12-01	22	16	晴	3级	
1	2020-12-02	22	16	雨	3级	df.loc [2]
2	2020-12-03	22	14	雨		df.loc [2:2]
3	2020-12-04	18	13	晴	4级	df [2:3]
4	2020-12-05	18	13	晴	4级	

图 1-22　选择特定的行数据

(2)在图 1-23 中使用 df[1:4]和 df.loc[1:3]语句选择连续多行数据。

(3)在图 1-24 中使用 df.iloc[[1,3,4],:]语句选择不连续行数据。

(4)在图 1-25 中可使用 df.head(N)语句选择开始 N 行数据,使用 df.tail(N)语句选择尾部 N 行数据。

	date	maxTem	minTem	weather	wind
0	2020-12-01	22	16	晴	3级
1	2020-12-02	22	16	雨	3级
2	2020-12-03	22	14	雨	
3	2020-12-04	18	13	晴	4级
4	2020-12-05	18	13	晴	4级

图 1-23　选择连续多行数据

	date	maxTem	minTem	weather	wind
0	2020-12-01	22	16	晴	3级
1	2020-12-02	22	16	雨	3级
2	2020-12-03	22	14	雨	
3	2020-12-04	18	13	晴	4级
4	2020-12-05	18	13	晴	4级

图 1-24　选择不连续多行数据

	date	maxTem	minTem	weather	wind
0	2020-12-01	22	16	晴	3级
1	2020-12-02	22	16	雨	3级
2	2020-12-03	22	14	雨	
3	2020-12-04	18	13	晴	4级
4	2020-12-05	18	13	晴	4级

图 1-25　选择开始(结尾)数据

2. 列选择

前文介绍了选择行数据的一些方法,接下来介绍选择列数据的方法。

(1)选择 1 列数据。

在图 1-26 中使用 df['weather']、df.weather、df.iloc[:,3]和 df[['weather']]语句选择"weather"列数据。

	date	maxTem	minTem	weather	wind
0	2020-12-01	22	16	晴	3级
1	2020-12-02	22	16	雨	3级
2	2020-12-03	22	14	雨	
3	2020-12-04	18	13	晴	4级
4	2020-12-05	18	13	晴	4级

图 1-26　选择 1 列数据

（2）选择连续多列。在图 1-27 中使用 df=df.iloc[:,1:4]语句选择第 1、2、3 列数据。

	date	maxTem	minTem	weather	wind
0	2020-12-01	22	16	晴	3级
1	2020-12-02	22	16	雨	3级
2	2020-12-03	22	14	雨	
3	2020-12-04	18	13	晴	4级
4	2020-12-05	18	13	晴	4级

图 1-27　选择连续多列数据

（3）选择不连续多列。

在图 1-28 中使用 df[['date','minTem','wind']]语句选择"date"列（第 0 列）数据,使用 df.iloc[:,[0,2,4]]语句选择"minTem"列（第 2 列）数据,使用 df.loc[:,['date','minTem','wind']]语句选择"wind"列（第 4 列）数据。

	date	maxTem	minTem	weather	wind
0	2020-12-01	22	16	晴	3级
1	2020-12-02	22	16	雨	3级
2	2020-12-03	22	14	雨	
3	2020-12-04	18	13	晴	4级
4	2020-12-05	18	13	晴	4级

图 1-28　选择不连续多列数据

3. 块选择

在图 1-29 中使用 df.iloc[2:4,1:4]语句选择行索引为 2 至 4,列索引为 1 至 4 之间的连续块数据。

	date	maxTem	minTem	weather	wind
0	2020-12-01	22	16	晴	3级
1	2020-12-02	22	16	雨	3级
2	2020-12-03	22	14	雨	
3	2020-12-04	18	13	晴	4级
4	2020-12-05	18	13	晴	4级

图 1-29　选择连续块数据

在图 1-30 中,使用 df.iloc[[1,2,4],[0,3]]语句选择行索引为 1、2、4,列索引为 0,3 的不连续块数据。

4. 选择具体位置的数据

在图 1-31 中,使用 df.at[1,'weather']语句和 df.iat[1,3]语句,选择行索引为 1,列名为"weather"的数据,此方法可能会在循环处理数据表中的每一个数据时用到。

	date	maxTem	minTem	weather	wind
0	2020-12-01	22	16	晴	3级
1	2020-12-02	22	16	雨	3级
2	2020-12-03	22	14	雨	
3	2020-12-04	18	13	晴	4级
4	2020-12-05	18	13	晴	4级

图 1-30　选择不连续块数据

	date	maxTem	minTem	weather	wind
0	2020-12-01	22	16	晴	3级
1	2020-12-02	22	16	雨	3级
2	2020-12-03	22	14	雨	
3	2020-12-04	18	13	晴	4级
4	2020-12-05	18	13	晴	4级

图 1-31　选择具体位置的数据

1.3.8　修改列名

本节将介绍如何修改 DataFrame 数据表的列名称,代码如下:

```
#修改列名称
import numpy as np
import pandas as pd

df = pd.DataFrame({'date':[ "2020-12-01","2020-12-02", "2020-12-03",
                    "2020-12-04", "2020-12-05"],
            'maxTem': [22,22,22,18,18],
            'minTem':[16, 16,14,13,13],
            'weather':['晴','雨','雨','晴','晴'],
            'wind': ["3级","3级",np.nan,"4级","4级"]
            })
df.columns = ['日期','最高气温','最低气温','天气情况','风力等级']
#修改全部列名(对应图1-32)。
#df = df.rename(columns={'weather':'天气情况','wind':'风力等级'})
##修改部分列名(对应图1-33)。
df
```

通过使用 df.columns = ['日期','最高气温','最低气温','天气情况','风力等级'] 语句,将数据表的列名称修改成中文名称,结果如图 1-32 所示。

在图 1-33 中,通过使用 df.rename(columns = {'weather':'天气情况','wind':'风力等级'}) 语句,修改部分列名。

	date	maxTem	minTem	weather	wind
0	2020-12-01	22	16	晴	3级
1	2020-12-02	22	16	雨	3级
2	2020-12-03	22	14	雨	
3	2020-12-04	18	13	晴	4级
4	2020-12-05	18	13	晴	4级

	日期	最高气温	最低气温	天气情况	风力等级
0	2020-12-01	22	16	晴	3级
1	2020-12-02	22	16	雨	3级
2	2020-12-03	22	14	雨	
3	2020-12-04	18	13	晴	4级
4	2020-12-05	18	13	晴	4级

图 1-32　修改列名为中文名称

	date	maxTem	minTem	weather	wind
0	2020-12-01	22	16	晴	3级
1	2020-12-02	22	16	雨	3级
2	2020-12-03	22	14	雨	
3	2020-12-04	18	13	晴	4级
4	2020-12-05	18	13	晴	4级

	date	maxTem	minTem	天气情况	风力等级
0	2020-12-01	22	16	晴	3级
1	2020-12-02	22	16	雨	3级
2	2020-12-03	22	14	雨	
3	2020-12-04	18	13	晴	4级
4	2020-12-05	18	13	晴	4级

图 1-33　修改部分列名

1.3.9　索引的处理

排序问题作为数据处理中常见的问题之一，由此引发的关于索引的一系列操作(修改、重置、排序等)也伴随产生，本节将重点介绍 DataFrame 数据表中索引的一些操作方法。

1. 修改索引名称

由于 DataFrame 默认的索引是从 0 开始的数字，这里的目标则是将索引修改为指定的字符，代码如下：

```
In[1]:#索引修改
    import numpy as np
    import pandas as pd

    df = pd. DataFrame({'date':["2020-12-01 星期日","2020-12-02 星期一",
                            "2020-12-03 星期二", "2020-12-04 星期三",
                            "2020-12-05 星期四"],
                    'maxTem': [22,22,22,18,18],
                    'minTem':[16,16,14,13,13],
                    'weather':'晴',
                    'wind': [ "东北风 3 级","东北风 3 级", np. nan,
                            "东北风 4 级","东北风 4 级"]
                        })
    df. index = ["2020-12-01","2020-12-02", "2020-12-03", "2020-12-04",
            "2020-12-05"] #修改索引名称。
    print(df)
```

本段程序,使用 df. index ＝ ["2020-12-01","2020-12-02", "2020-12-03", "2020-12-04", "2020-12-05"]语句,将数据表的索引修改成指定的字符,结果如下:

```
Out[1]:
            date        maxTem    minTem    weather    wind
2020-12-01 星期日    22        16        晴        东北风 3 级
2020-12-02 星期一    22        16        晴        东北风 3 级
2020-12-03 星期二    22        14        晴        NaN
2020-12-04 星期三    18        13        晴        东北风 4 级
2020-12-05 星期四    18        13        晴        东北风 4 级
```

2. 指定某列为索引

除了直接修改数据表的索引名称之外,还可以指定 DataFrame 数据表中某列作为索引,代码如下:

```
In[2]:#指定某列作为索引
    import numpy as np
    import pandas as pd

    df = pd. DataFrame({'date':[ "2020-12-01 星期日","2020-12-02 星期一",
                            "2020-12-03 星期二", "2020-12-04 星期三",
                            "2020-12-05 星期四"],
                    'maxTem': [22,22, 22, 18, 18],
                    'minTem':[16, 16,14, 13, 13],
                    'weather':'晴',
                    'wind': [ "东北风 3 级","东北风 3 级", np. nan,
                            "东北风 4 级", "东北风 4 级"]
                        })
    df = df. set_index('date',drop=False) #指定"date"列作为索引。
    print(df)
```

通过使用 df. set_index(' date' ,drop＝False)语句,指定"date"列作为索引,结果如下:

```
Out[2]:
            date        maxTem    minTem    weather    wind
2020-12-01 星期日    22        16        晴        东北风 3 级
2020-12-02 星期一    22        16        晴        东北风 3 级
```

2020-12-03 星期二	22	14	晴	NaN
2020-12-04 星期三	18	13	晴	东北风 4 级
2020-12-05 星期四	18	13	晴	东北风 4 级

3. 索引还原

在某些情况下,可能需要将数据表的索引还原为从 0 开始的数字,代码如下:

```
In[3]:#索引还原
    import numpy as np
    import pandas as pd

    df = pd.DataFrame({'date':["2020-12-01 星期日","2020-12-02 星期一",
                        "2020-12-03 星期二","2020-12-04 星期三",
                        "2020-12-05 星期四"],
                    'maxTem':[22,22,22,18,18],
                    'minTem':[16,16,14,13,13],
                    'weather':'晴',
                    'wind':[ "东北风 3 级","东北风 3 级", np.nan,
                        "东北风 4 级","东北风 4 级"]
                    })
    df = df.set_index('date',drop=False) #指定某列为索引。
    df = df.reset_index(drop=True) #还原索引。
    print(df)
```

在修改了索引之后,使用 df.reset_index(drop=True)语句,将 DataFrame 数据表的索引还原为从 0 开始的数字,结果如下:

```
Out[3]:
          date        maxTem   minTem   weather     wind
0    2020-12-01 星期日      22       16        晴      东北风 3 级
1    2020-12-02 星期一      22       16        晴      东北风 3 级
2    2020-12-03 星期二      22       14        晴        NaN
3    2020-12-04 星期三      18       13        晴      东北风 4 级
4    2020-12-05 星期四      18       13        晴      东北风 4 级
```

4. 索引排序

接下来将展示数据表中索引排序的方法,代码如下:

```
In[4]:#索引排序
    import numpy as np
    import pandas as pd

    df = pd.DataFrame({'date':["2020-12-01 星期日","2020-12-02 星期一",
                        "2020-12-03 星期二","2020-12-04 星期三",
                        "2020-12-05 星期四"],
                    'maxTem':[22,22,22,18,18],
                    'minTem':[16,16,14,13,13],
                    'weather':'晴',
                    'wind':[ "东北风 3 级","东北风 3 级", np.nan,
                        "东北风 4 级","东北风 4 级"]
                    })
    df = df.sort_index(ascending=False) #索引排序。
    print(df)
```

通过使用 df. sort_index(ascending＝False)语句，其参数 ascending 参数用于控制索引的排序，ascending＝True 表示升序，ascending＝False 表示降序。经过降序排序后的数据表显示结果如下：

```
Out[4]:
        date              maxTem    minTem    weather      wind
4   2020-12-05 星期四        18        13        晴      东北风 4 级
3   2020-12-04 星期三        18        13        晴      东北风 4 级
2   2020-12-03 星期二        22        14        晴        NaN
1   2020-12-02 星期一        22        16        晴      东北风 3 级
0   2020-12-01 星期日        22        16        晴      东北风 3 级
```

5. 自定义顺序排序

除了按照降序、升序等方式排序外，还有自定义排序的需求。接下来将数据表按照指定城市名的顺序来排序，代码如下：

```
In[5]:#自定义排序
      import numpy as np
      import pandas as pd

      df = pd.DataFrame({'城市':["北京","深圳", "广州", "上海"],
                         '数值':[22,23,28,18],
                        })
      df = df.set_index('城市',drop=False)#指定某列为索引。
      df = df.reindex(index = ['北京','上海','广州','深圳']) #自定义排序规则。
      print(df)
```

本段程序中首先使用 df. set_index('城市',drop＝False)语句指定"城市"列为索引。接着，使用 df. reindex(index ＝ ['北京','上海','广州','深圳'])语句，使得数据表按照"北京、上海、广州、深圳"的顺序进行排序，显示结果如下：

```
Out[5]:
        城市    数值
城市
北京      北京    22
上海      上海    18
广州      广州    28
深圳      深圳    23
```

1.3.10　缺失值处理

数据表中缺失值的常见处理方法包括筛选缺失值所在的行数据，删除缺失值所在的行，用其他值替换缺失值，用前(后)值替换缺失值和用均值替换缺失值五种。本小节，将对这五种常见的处理方法进行讲解

1. 筛选缺失值所在的行数据

筛选缺失值所在的行数据，代码如下：

```
In[1]:#筛选出缺失值所在的行数据
      import numpy as np
      import pandas as pd

      df = pd.DataFrame({'date':["2020-12-01","2020-12-02", "2020-12-03",
```

```
                        "2020-12-04", "2020-12-05"],
                    'maxTem': [22,np.nan,23,18,np.nan],
                    'minTem':[16, 15,14,13,12],
                    'weather':['晴','雨','雨','晴','晴'],
                    'wind': ["3级","4级",np.nan,"5级","6级"]
                })
df = df[df['maxTem'].isnull()]#筛选出缺失值所在的行数据。
print(df)
```

通过使用 df[df['maxTem'].isnull()]语句,从 DataFrame 数据表中筛选出了"maxTem"列为缺失值的数据,如图 1-34 所示。

	date	maxTem	minTem	weather	wind
0	2020-12-01	22	16	晴	3级
1	2020-12-02		15	雨	4级
2	2020-12-03	23	14	雨	
3	2020-12-04	18	13	晴	5级
4	2020-12-05		12	晴	6级

	date	maxTem	minTem	weather	wind
1	2020-12-02		15	雨	4级
4	2020-12-05		12	晴	6级

图 1-34　筛选缺失值示意图

2. 删除缺失值所在的行

接下来将按照图 1-35 所示,通过使用 df = df.dropna()语句,删除缺失值所在的行数据。

	date	maxTem	minTem	weather	wind
0	2020-12-01	22	16	晴	3级
1	2020-12-02		15	雨	4级
2	2020-12-03	23	14	雨	
3	2020-12-04	18	13	晴	5级
4	2020-12-05		12	晴	6级

	date	maxTem	minTem	weather	wind
0	2020-12-01	22	16	晴	3级
3	2020-12-04	18	13	晴	5级

图 1-35　删除缺失值所在行示意图

删除缺失值所在的行数据,代码如下:

```
In[2]:#删除缺失值所在的行数据
    import numpy as np
    import pandas as pd
```

```
df = pd.DataFrame({'date':["2020-12-01","2020-12-02", "2020-12-03",
                           "2020-12-04", "2020-12-05"],
                   'maxTem': [22,np.nan,23,18,np.nan],
                   'minTem':[16, 15,14,13,12],
                   'weather':['晴','雨','雨','晴','晴'],
                   'wind': ["3 级","4 级",np.nan,"5 级","6 级"]
                  })
df = df.dropna() #删除缺失值所在的行。
print(df)
```

3. 用其他值替换缺失值

用其他值替换缺失值,代码如下:

```
In[3]:#
    import numpy as np
    import pandas as pd

    df = pd.DataFrame({'date':["2020-12-01","2020-12-02", "2020-12-03",
                               "2020-12-04", "2020-12-05"],
                       'maxTem': [22,np.nan,23,18,np.nan],
                       'minTem':[16, 15,14,13,12],
                       'weather':['晴','雨','雨','晴','晴'],
                       'wind': ["3 级","4 级",np.nan,"5 级","6 级"]
                      })
    df = df.fillna('缺失值') #用其他值替换缺失值。
    print(df)
```

通过使用 df.fillna('缺失值') 语句,将数据表中的缺失值用汉字"缺失值"替换,结果如图 1-36 所示。

	date	maxTem	minTem	weather	wind
0	2020-12-01	22	16	晴	3级
1	2020-12-02		15	雨	4级
2	2020-12-03	23	14	雨	
3	2020-12-04	18	13	晴	5级
4	2020-12-05		12	晴	6级

	date	maxTem	minTem	weather	wind
0	2020-12-01	22	16	晴	3级
1	2020-12-02	缺失值	15	雨	4级
2	2020-12-03	23	14	雨	缺失值
3	2020-12-04	18	13	晴	5级
4	2020-12-05	缺失值	12	晴	6级

图 1-36　替换缺失值

4. 用前/后值替换缺失值

用后面的值替换缺失值,代码如下:

```
In[4]:#
    import numpy as np
    import pandas as pd

    df = pd.DataFrame({'date':["2020-12-01","2020-12-02", "2020-12-03",
                            "2020-12-04", "2020-12-05"],
                    'maxTem':[22,np.nan,23,18,np.nan],
                    'minTem':[16, 15,14,13,12],
                    'weather':['晴','雨','雨','晴','晴'],
                    'wind':["3级","4级",np.nan,"5级","6级"]
                    })
    df = df.fillna(method='bfill') #用后一个值替换缺失值。
    # df = df.fillna(method='pad') #用前一个值替换缺失值。
    print(df)
```

通过使用 df.fillna(method='bfill')语句,用后一行数据的值替换了数据表中的缺失值,如图 1-37 所示。这里需要注意,当缺失值出现在最后一行时,将没有后一个值来替换。

	date	maxTem	minTem	weather	wind
0	2020-12-01	22	16	晴	3级
1	2020-12-02		15	雨	4级
2	2020-12-03	23	14	雨	
3	2020-12-04	18	13	晴	5级
4	2020-12-05		12	晴	6级

	date	maxTem	minTem	weather	wind
0	2020-12-01	22	16	晴	3级
1	2020-12-02	23	15	雨	4级
2	2020-12-03	23	14	雨	5级
3	2020-12-04	18	13	晴	5级
4	2020-12-05		12	晴	6级

图 1-37　用后一个值替换缺失值

5. 用均值替换缺失值

用平均值替换缺失值,代码如下:

```
In[5]:#
    import numpy as np
    import pandas as pd

    df = pd.DataFrame({'date':["2020-12-01","2020-12-02", "2020-12-03",
                            "2020-12-04", "2020-12-05"],
```

```
                        'maxTem' : [22,np. nan,23,18,np. nan],
                        'minTem':[16, 15,14,13,12],
                        'weather':['晴','雨','雨','晴','晴'],
                        'wind' : ["3 级","4 级",np. nan,"5 级","6 级"]
                    })
    df = df. fillna(df. mean()) #均值替换缺失值。
    print(df)
```

通过使用 df. fillna(df. mean( ))语句,将数据表中的缺失值,用列平均值进行替换,结果如图 1-38 所示。可以看出,由于"wind"列数据为非数字类型,将无法计算平均值,则继续保持为缺失状态。

	date	maxTem	minTem	weather	wind
0	2020-12-01	22	16	晴	3级
1	2020-12-02		15	雨	4级
2	2020-12-03	23	14	雨	
3	2020-12-04	18	13	晴	5级
4	2020-12-05		12	晴	6级

	date	maxTem	minTem	weather	wind
0	2020-12-01	22.0	16	晴	3级
1	2020-12-02	21.0	15	雨	4级
2	2020-12-03	23.0	14	雨	
3	2020-12-04	18.0	13	晴	5级
4	2020-12-05	21.0	12	晴	6级

图 1-38　用均值替换缺失值

1.3.11　重复值处理

对数据表中的重复值,一般采用删除处理,本节将介绍如何删除数据表中的重复值,代码如下:

```
#删除重复行
import numpy as np
import pandas as pd

df = pd. DataFrame({'date':[ "2020-12-01","2020-12-01", "2020-12-03",
                    "2020-12-04","2020-12-01"],
            'maxTem' : [22,22, 22, 18, 22],
            'minTem':[16, 16,14, 13, 16],
            'weather' : '晴',
            'wind' : ["东北风 3 级","东北风 3 级", np. nan,"东北风 4 级",
                    "东北风 3 级"]
                })
```

```
df = df.drop_duplicates()#删除完全重复的行。
#df = df.drop_duplicates(subset=['weather'],keep='last')
#删除某列中的重复值所在的行,默认是保留重复值中的第一行(可以通过 keep 参数进行调整)。
df
```

通过使用 df. drop_duplicates()语句,删除数据表中的重复值(默认是保留重复值中的第一行数据),结果如图 1-39 所示。

	date	maxTem	minTem	weather	wind
0	2020-12-01	22	16	晴	东北风 3级
1	2020-12-01	22	16	晴	东北风 3级
2	2020-12-03	22	14	晴	
3	2020-12-04	18	13	晴	东北风 4级
4	2020-12-01	22	16	晴	东北风 3级

	date	maxTem	minTem	weather	wind
0	2020-12-01	22	16	晴	东北风 3级
2	2020-12-03	22	14	晴	
3	2020-12-04	18	13	晴	东北风 4级

图 1-39　删除重复行

1.3.12　替换

本小节将重点介绍,如何将数据表中的字符串替换成指定的字符串。

1. 替换某一值

替换某一值代码如下:

```
In[1]:#
    import pandas as pd
    import numpy as np

    df = pd.DataFrame({'date':[ "2020-12-01 星期日","2020-12-02 星期一",
                    "2020-12-03 星期二", "2020-12-04 星期三",
                    "2020-12-05 星期四"],
                'maxTem':[22,22, 22, 18, 18],
                'minTem':[16, 16,14, 13, 13],
                'weather':['晴','雨','晴','雨','晴'],
                'wind':[ "东北风 3级","东北风 3级", np.nan,
                    "东北风 4级", "晴"]
                })
    df = df.replace('晴','sunny')#替换某一字符。
    print(df)
```

通过使用 df.replace('晴','sunny')语句,将数据表中所有的"晴"替换成"sunny",结果如图 1-40 所示。

	date	maxTem	minTem	weather	wind
0	2020-12-01 星期日	22	16	晴	东北风 3级
1	2020-12-02 星期一	22	16	雨	东北风 3级
2	2020-12-03 星期二	22	14	晴	
3	2020-12-04 星期三	18	13	雨	东北风 4级
4	2020-12-05 星期四	18	13	晴	晴

	date	maxTem	minTem	weather	wind
0	2020-12-01 星期日	22	16	sunny	东北风 3级
1	2020-12-02 星期一	22	16	雨	东北风 3级
2	2020-12-03 星期二	22	14	sunny	
3	2020-12-04 星期三	18	13	雨	东北风 4级
4	2020-12-05 星期四	18	13	sunny	sunny

图 1-40　替换某一字符

2. 同时替换多值

还可以通过使用 df. replace(['晴','雨'],['sunny','rain'])语句,将数据表中的"晴"替换成"sunny","雨"替换成"rain",结果如图 1-41 所示。

	date	maxTem	minTem	weather	wind
0	2020-12-01 星期日	22	16	晴	东北风 3级
1	2020-12-02 星期一	22	16	雨	东北风 3级
2	2020-12-03 星期二	22	14	晴	
3	2020-12-04 星期三	18	13	雨	东北风 4级
4	2020-12-05 星期四	18	13	晴	晴

	date	maxTem	minTem	weather	wind
0	2020-12-01 星期日	22	16	sunny	东北风 3级
1	2020-12-02 星期一	22	16	rain	东北风 3级
2	2020-12-03 星期二	22	14	sunny	
3	2020-12-04 星期三	18	13	rain	东北风 4级
4	2020-12-05 星期四	18	13	sunny	sunny

图 1-41　同时替换多个字符

3. 正则表达式进行部分替换

本段代码将使用正则表达式,按照特定的规则替换数据表中的字符,代码如下:

```
In[2]:#替换特定字符
    import pandas as pd
    import numpy as np


    df = pd. DataFrame({'date':[ "2020-12-01 星期日","2020-12-02 星期一",
                                "2020-12-03 星期二", "2020-12-04 星期三",
                                "2020-12-05 星期四"],
                    'maxTem': [ 22,22, 22, 18, 18],
                    'minTem':[16, 16,14, 13, 13],
                    'weather':['晴','雨','晴','雨','晴'],
                    'wind':[ "东北风 3级","东北风 3级", np. nan,
                            "东北风 4级", "晴"]
                    })
    df = df. replace(r'星期','week', regex =True)#正则表达式进行部分替换。
    print(df)
```

这里通过使用 df. replace(r' 星期' ,' week' , regex =True)语句,将数据表中的"星期",替换成为"week",结果如图 1-42 所示。

	date	maxTem	minTem	weather	wind
0	2020-12-01 星期日	22	16	晴	东北风 3级
1	2020-12-02 星期一	22	16	雨	东北风 3级
2	2020-12-03 星期二	22	14	晴	
3	2020-12-04 星期三	18	13	雨	东北风 4级
4	2020-12-05 星期四	18	13	晴	晴

	date	maxTem	minTem	weather	wind
0	2020-12-01 星期日	22	16	晴	东北风 3级
1	2020-12-02 星期一	22	16	雨	东北风 3级
2	2020-12-03 星期二	22	14	晴	
3	2020-12-04 星期三	18	13	雨	东北风 4级
4	2020-12-05 星期四	18	13	晴	晴

图 1-42　使用正则表达式进行替换

1.3.13　排序

在前文索引处理中,已经介绍了关于索引排序的一些方法。本节主要介绍如何按照某列值的大小以及按多列值对数据表进行重新排序。

1. 按某列值的大小排序

按某列值的大小排序代码如下：

```
In[1]:#按某列值的大小排序
    import numpy as np
    import pandas as pd

    df = pd.DataFrame({'date':["2020-12-01 星期日","2020-12-02 星期一",
                        "2020-12-03 星期二", "2020-12-04 星期三",
                        "2020-12-05 星期四"],
                    'maxTem': [22,22,26,19,18],
                    'minTem':[12,16,14,13,11],
                    'weather': '晴',
                    'wind': [ "东北风 3 级","东北风 6 级", np.nan,
                        "东北风 5 级","东北风 4 级"]
                    })
    df = df.sort_values('maxTem') #默认升序排序,ascending=False 表示降序。
    print(df)
```

通过使用 df.sort_values(' maxTem') 语句,将数据表按照"maxTem"列值的大小进行升序排序,显示结果如下：

```
Out[]:
              date         maxTem    minTem    weather      wind
4    2020-12-05 星期四      18         11         晴        东北风 4 级
3    2020-12-04 星期三      19         13         晴        东北风 5 级
0    2020-12-01 星期日      22         12         晴        东北风 3 级
1    2020-12-02 星期一      22         16         晴        东北风 6 级
2    2020-12-03 星期二      26         14         晴          NaN
```

2. 按多列值排序

在数据排序时,可能遇到大小相同的值,这时可以同时指定按照其他列数据的大小进行排序,代码如下：

```
In[2]:#按多列值进行排序
    import numpy as np
    import pandas as pd

    df = pd.DataFrame({'date':["2020-12-01 星期日","2020-12-02 星期一",
                        "2020-12-03 星期二", "2020-12-04 星期三",
                        "2020-12-05 星期四"],
                    'maxTem': [22,22,26,19,18],
                    'minTem':[12,16,14,13,11],
                    'weather': '晴',
                    'wind': [ "东北风 3 级","东北风 6 级", np.nan,
                        "东北风 5 级","东北风 4 级"]
                    })
    df = df.sort_values(['maxTem','minTem'],ascending=[True,False])
    #maxTem 列升序排序,minTem 列降序。
    print(df)
```

通过使用 df.sort_values(['maxTem','minTem'],ascending=[True,False])语句,按照"maxTem"列进行升序排序,当出现相同数据时,按照"minTem"列的值降序排序,显示结果如下:

```
Out[]:
                date          maxTem      minTem      weather        wind
    4     2020-12-05 星期四      18          11          晴         东北风 4 级
    3     2020-12-04 星期三      19          13          晴         东北风 5 级
    1     2020-12-02 星期一      22          16          晴         东北风 6 级
    0     2020-12-01 星期日      22          12          晴         东北风 3 级
    2     2020-12-03 星期二      26          14          晴           NaN
```

1.3.14 连接与合并

在数据处理中,经常遇到需要将多个数据表按照一定的规则,组成一个新的数据表,这可能涉及 concat、merge、append、join 等函数。接下来将介绍数据表连接(concat)与合并(merge)的操作。

1. 连接

这里说的连接,是指将几个数据表叠在一起,或者并列排放。本段程序主要实现将多个数据表按行进行连接,进而组成新的数据表,代码如下:

```
In[1]:#连接
    import numpy as np
    import pandas as pd

    df1 = pd.DataFrame({'日期':["2020-12-01","2020-12-02",
                              "2020-12-03", "2020-12-04"],
                        '最高气温':[22,22,26,19],
                        '最低气温':[12,16,14,13],
                        '天气情况':'晴',
                        '风力等级':[ "东北风 3 级","东北风 6 级", np.nan,
                                  "东北风 5 级"]
                       })
    df2 = pd.DataFrame({'日期':["2020-12-01","2020-12-02",
                              "2020-12-03", "2020-12-04"],
                        '城市':[ "城市 A","城市 B","城市 C","城市 D"]
                       })
    df3 = pd.DataFrame({'日期':["2020-12-01","2020-12-02",
                              "2020-12-03", "2020-12-04"],
                        '国家':[ "国家 A","国家 B","国家 C",np.nan],
                        '最高气温':[22,20,26,19],
                       })
    df = pd.concat([df1,df2,df3],axis=0) #沿着行方向连接。
    # df = pd.concat([df1,df2,df3],axis=1) #沿着列方向连接。
    print(df)
```

通过使用 pd.concat([df1,df2,df3],axis=0)语句,将 df1、df2、df3 三个数据表,沿着行方向进行了连接,结果如下:

```
Out[1]:
```

	日期	最高气温	最低气温	天气情况	风力等级	城市	国家
0	2020-12-01	22.0	12.0	晴	东北风 3 级	NaN	NaN
1	2020-12-02	22.0	16.0	晴	东北风 6 级	NaN	NaN
2	2020-12-03	26.0	14.0	晴	NaN	NaN	NaN
3	2020-12-04	19.0	13.0	晴	东北风 5 级	NaN	NaN
0	2020-12-01	NaN	NaN	NaN	NaN	城市 A	NaN
1	2020-12-02	NaN	NaN	NaN	NaN	城市 B	NaN
2	2020-12-03	NaN	NaN	NaN	NaN	城市 C	NaN
3	2020-12-04	NaN	NaN	NaN	NaN	城市 D	NaN
0	2020-12-01	22.0	NaN	NaN	NaN	NaN	国家 A
1	2020-12-02	20.0	NaN	NaN	NaN	NaN	国家 B
2	2020-12-03	26.0	NaN	NaN	NaN	NaN	国家 C
3	2020-12-04	19.0	NaN	NaN	NaN	NaN	NaN

2. 合并

这里的合并,指的是将不同的数据表,按照某些字段进行合并的操作。这在数据比对、整合时可能会用到。接下来对两个数据表,进行合并操作,代码如下:

```
In[2]:#合并
    import numpy as np
    import pandas as pd

    df1 = pd.DataFrame({'日期':["2020-12-01","2020-12-02", "2020-12-03",
                            "2020-12-04"],
                    '最高气温':[22,22,26,19],
                    '最低气温':[12,16,14,13],
                    '天气情况':'晴',
                    '风力等级': [ "东北风 3 级","东北风 6 级", np.nan,
                            "东北风 5 级"]
                    })
    df2 = pd.DataFrame({'日期':["2020-12-01","2020-12-02", "2020-12-03",
                            "2020-12-04","2020-12-05"],
                    '最高气温':[22,20,26,19,18],
                    '城市': [ "城市 A","城市 B","城市 C","城市 D","城市 D"],
                    })
    df = pd.merge(df1,df2,on='日期') #按"日期"列合并,默认取交集。
    #df = pd.merge(df1,df2,on='日期',how='outer') #取并集。
    #df = pd.merge(df1,df2,on=['日期','最高气温']) #按"日期、最高气温"两列合并。
    #df = pd.merge(df1,df2,on='日期',how='left') #以左边的表为基础进行合并。
    #df = pd.merge(df1,df2,on='日期',how='right') #以左边的表为基础进行合并。
    print(df)
```

本段程序中,使用 pd.merge(df1,df2,on='日期') 语句,将 df1 和 df2 两个数据表,按照"日期"列进行了合并(注释处,还提供了一些其他合并的方法,读者可以自行尝试),显示结果如下:

```
Out[2]:
```

	日期	最高气温_x	最低气温	天气情况	风力等级	最高气温_y	城市
0	2020-12-01	22	12	晴	东北风 3 级	22	城市 A
1	2020-12-02	22	16	晴	东北风 6 级	20	城市 B
2	2020-12-03	26	14	晴	NaN	26	城市 C
3	2020-12-04	19	13	晴	东北风 5 级	19	城市 D

1.3.15 分列

本节,主要是将数据表中的数据,按照特定规则,分成不同的列,代码如下:

```python
#分列
import numpy as np
import pandas as pd

df = pd.DataFrame({'日期':["2020-12-01 星期日","2020-12-02 星期一",
                "2020-12-03 星期二", "2020-12-04 星期三"],
             '风力等级':[ "东北风 3 级","东北风 6 级", np.nan,
                "东北风 5 级"]
             })
a = df['日期'].str.split(' ',expand=True) #对"日期"列数据,以空格进行分列。
df['年-月-日'] = a[0] #选取分列后的第 0 列数据。
df['星期'] = a[1]
#df['年-月-日'] = df['日期'].str.slice(0,10)
#也可以通过选取前 10 个字符的方式生成新的列数据。
print(df)
```

通过使用 df['日期'].str.split(' ',expand=True)语句,对数据表中的"日期"列,以空格为分隔符进行分列,结果如图 1-43 所示。

	日期	风力等级
0	2020-12-01 星期日	东北风 3 级
1	2020-12-02 星期一	东北风 6 级
2	2020-12-03 星期二	
3	2020-12-04 星期三	东北风 5 级

	日期	风力等级	年-月-日	星期
0	2020-12-01 星期日	东北风 3 级	2020-12-01	星期日
1	2020-12-02 星期一	东北风 6 级	2020-12-02	星期一
2	2020-12-03 星期二		2020-12-03	星期二
3	2020-12-04 星期三	东北风 5 级	2020-12-04	星期三

图 1-43　分列示意图

1.3.16　分组

本节,将介绍如何使用 groupby()函数将数据表中的数据,按照某列的数据分成多组数据表,代码如下:

```
#分组
import pandas as pd
import numpy as np

df = pd. DataFrame({'date':[ "2020-12-01","2020-12-02", "2020-12-03",
                           "2020-12-04", "2020-12-05"],
                  'maxTem': [22,22, 22, 18, 18],
                  'minTem':[16, 16,14, 13, 13],
                  'weather':['晴','雨','晴','雨','晴'],
                  'wind': [ "东北风3级","东北风3级", np.nan,"东北风4级",
                           "东北风4级"]
                  })
groups = df. groupby('weather')#应用分组函数。
for name,group in groups:
    print(group)
    print('------------------------')
```

这里,使用了 df. groupby('weather')语句,按照"weather"列数据进行分组,最终将"weather"列为"晴、雨"两组。显示结果如下:

```
       date     maxTem   minTem   weather      wind
0   2020-12-01    22       16        晴      东北风3级
2   2020-12-03    22       14        晴        NaN
4   2020-12-05    18       13        晴      东北风4级
------------------------------------------------
       date     maxTem   minTem   weather      wind
1   2020-12-02    22       16        雨      东北风3级
3   2020-12-04    18       13        雨      东北风4级
------------------------------------------------
```

1.3.17　日期处理

接下来将介绍如何将日期类字符串修改为标准的日期格式,并从中提取年、月、日等信息。

1. 将字符串转换成日期

本段程序,主要实现将日期类字符串,转换成标注的日期格式,代码如下:

```
In[1]:#将字符串转换为标准日期格式
    import pandas as pd
    import numpy as np

    df = pd. DataFrame({'date':[ "2022年9月1日","2022年9月2日",
                          "2022年9月3日","2022年9月4日",
                          "2022年9月5日"],
                       'wind': ["东北风3级","东北风3级", np.nan,
                          "东北风4级","东北风4级"]
                      })
```

```
df['日期'] = pd.to_datetime(df['date'],format="%Y 年%m 月%d 日")
#转换成日期格式。
print(df)
```

通过使用 pd.to_datetime(df['date'],format="%Y 年%m 月%d 日")语句,将"date"列日期
字符串,转换成了标准的日期格式的数据,显示结果如下:

```
Out[1]:
           date            wind           日期
0    2022 年 9 月 1 日    东北风 3 级    2022-09-01
1    2022 年 9 月 2 日    东北风 3 级    2022-09-02
2    2022 年 9 月 3 日       NaN     2022-09-03
3    2022 年 9 月 4 日    东北风 4 级    2022-09-04
4    2022 年 9 月 5 日    东北风 4 级    2022-09-05
```

2. 提取年月日

接下来将从"日期"列中提取出具体的年、月、日信息,代码如下:

```
In[2]:#提取年月日
      df['年份'] = df['日期'].dt.year#抽取出年份。
      df['月份'] = df['日期'].dt.month#抽取出月份。
      df['几号'] = df['日期'].dt.day#抽取出几号数据。
      print(df)
```

通过使用 df['日期'].dt.year 语句,从"日期"列提取年份数据,使用 df['日期'].dt.month
语句提取了月份数据,使用 df['日期'].dt.day 语句提取了具体几号的数据,显示结果如下:

```
Out[2]:
           date            wind          日期          年份      月份      几号
0    2022 年 9 月 1 日    东北风 3 级    2022-09-01    2022      9       1
1    2022 年 9 月 2 日    东北风 3 级    2022-09-02    2022      9       2
2    2022 年 9 月 3 日       NaN     2022-09-03    2022      9       3
3    2022 年 9 月 4 日    东北风 4 级    2022-09-04    2022      9       4
4    2022 年 9 月 5 日    东北风 4 级    2022-09-05    2022      9       5
```

1.3.18 数据统计

本节中将对数据表中某列数据进行统计,代码如下:

```
#数据统计
import pandas as pd
import numpy as np

df = pd.DataFrame({'date':["2022 年 9 月 1 日","2022 年 9 月 2 日",
                  "2022 年 9 月 3 日","2022 年 9 月 4 日",
                  "2022 年 9 月 5 日"],
               'maxTem':[22,22, 22, 18, 18],
               'minTem':[16, 16,14, 13, 13],
               'weather':['晴','雨','晴','雨','晴'],
               'wind':[ "东北风 3 级","东北风 3 级", np.nan,"东北风 4 级",
                       "东北风 4 级"]
               })
print(df['weather'].value_counts())#打印"weather"列数据的统计信息。
```

通过使用 df['weather'].value_counts()语句,统计了"weather"列数据中各个字符串出现的次数,得出"晴"出现了 3 次,"雨"出现了 2 次的结果。显示如下:

```
Out:

晴    3
雨    2
Name: weather,dtype: int64
```

除了 value_counts()函数外,表 1-2 中还列举了其他一些常用的函数,读者可以使用较小的数据集,检验函数的具体功能。

表 1-2　常用函数表

函数	用途	函数	用途
value_counts()	统计出现次数	sum()	求和
count()	统计非缺失数据出现的次数	mean()	平均值
describe()	总统计信息	median()	中位数
max()、min()	最大、最小值	var()	方差
idxmax()、idxmin()	最大、最小值对应的索引	std()	标准差
argmax()、argmin()	最大、最小值对应的索引所在的位置		

1.3.19　数据计算

除了 1.3.18 节介绍的数据统计的一些方法外,pandas 还提供了一些其他的计算功能,下面将介绍一些常用的计算方法。

1. 计算平均值

接下来,将按照公式 $\overline{X}=(X_1+X_2)/2$,计算某两列数据的平均值,代码如下:

```
In[1]:#计算平均值
    import pandas as pd
    import numpy as np

    df = pd.DataFrame({'date':["2022 年 9 月 1 日","2022 年 9 月 2 日",
                    "2022 年 9 月 3 日","2022 年 9 月 4 日",
                    "2022 年 9 月 5 日"],
                'maxTem':['22','22', '22', '17', '18'],
                'minTem':['16', '15','14', '12', '13'],
                'weather':['晴','雨','晴','雨','晴']
                    })
    df_maxTem = df['maxTem'].astype(int)#将"maxTem"列数据转换为 int 类型。
    df_minTem = df['minTem'].astype(int)#将"minTem"列数据转换为 int 类型。
    df['平均气温'] = (df_maxTem + df_minTem)/2 #计算平均气温。
    print(df)
```

本段程序中,首先使用 astype(int)函数,将"maxTem""minTem"两列数据,转换成整数。接着,使用求平均值的公式,计算出了"maxTem、minTem"两列的平均值,显示结果如下:

```
Out[1]:
              date        maxTem      minTem      weather      平均气温
    0    2022年9月1日        22          16           晴          19.0
    1    2022年9月2日        22          15           雨          18.5
    2    2022年9月3日        22          14           晴          18.0
    3    2022年9月4日        17          12           雨          14.5
    4    2022年9月5日        18          13           晴          15.5
```

2. 数据归一化

下面的程序，主要是按照公式 $X_{nor} = \dfrac{X - X_{min}}{X_{max} - X_{min}}$ 对某列数据进行归一化处理，代码如下：

```
In[2]:#数据归一化
    df['最低气温归一化'] = (df['minTem'].astype(int) - df['minTem'].astype(
                          int).min())/(df['minTem'].astype(int).max() -
                          df['minTem'].astype(int).min()) #归一化。

    print(df)
```

本段程序，按照归一化公式，对"minTem"列数据进行归一化处理，经过归一化后的数据列名称为"最低气温归一化"，显示结果如下：

```
Out[2]:
              date        maxTem      minTem      weather      平均气温     最低气温归一化
    0    2022年9月1日        22          16           晴          19.0        1.00
    1    2022年9月2日        22          15           雨          18.5        0.75
    2    2022年9月3日        22          14           晴          18.0        0.50
    3    2022年9月4日        17          12           雨          14.5        0.00
    4    2022年9月5日        18          13           晴          15.5        0.25
```

1.3.20 遍历

这里所说的遍历，主要是指对数据表中某列(行)，或者全部数据进行逐一操作，而本段程序主要是遍历某列所有的数据，代码如下：

```
#遍历一个列的数据
import pandas as pd
import numpy as np

df = pd.DataFrame({'date':["2022年9月1日","2022年9月2日",
                   "2022年9月3日","2022年9月4日",
                   "2022年9月5日"],
              'maxTem':['22','22','22','17','18'],
              'minTem':['16','15','14','12','13'],
              'weather':['晴','雨','晴','雨','晴']
              })
for i in df['date']:#循环输出'date'列的每一个数。
    print(i)
```

通过使用 for i in df['date']:语句，遍历"date"列的每一个数据，输出结果如下：

```
2022 年 9 月 1 日
2022 年 9 月 2 日
2022 年 9 月 3 日
2022 年 9 月 4 日
2022 年 9 月 5 日
```

1.3.21　应用函数

尽管可以通过 for 循环对数据表中的每一个元素进行处理。pandas 库也提供了一个 apply() 函数,可以对某列执行某一函数,而无须进行循环处理。接下来的程序,主要是使用 aplly() 函数,将某列数据,转换成标准的数值类型的数据,代码如下:

```python
#对某列数据应用函数
import pandas as pd
import numpy as np

df = pd.DataFrame({'公司名称':["公司 A","公司 B", "公司 C","公司 D", "公司 E"],
                   '净利润':['85.48 亿','50000', np.nan,'357.53 万','-2235.80 万']
                   })

def unified_income(x):#定义统一单位函数。
    '''
    功能:输入带有数字单位(万、亿等)字符串,转换为浮点数或其他值。
    例如,将"12.34 万,3.6 亿,4567.06,--",转换为"123400,360000000,4567.06,
    others"。
    '''
    if str(x)[-1:].isdigit()==True:
    #通过字符串最后一位数字是否为数字,判断该字符串是否为纯数字。
        unified_number = float(x) #转换为浮点数
    elif str(x)[-1:] == "亿": #字符串最后一位是如果是"亿"。
        unified_number = float(str(x)[:-1]) * 100000000 #数字部分乘以 100000000。
    elif str(x)[-1:] == "万": #字符串最后一位是如果是"万"。
        unified_number = float(str(x)[:-1]) * 10000 #数字部分乘以 10000
    else:                          #如果是其他字符串。
        unified_number = 'others' #统一转换为"others"。
    return unified_number

df['净利润(统一单位)'] = df['净利润'].apply(unified_income)
#对"净利润"列应用定义的函数。
print(df)
```

本组程序,首先定义了一个单位统一的函数 unified_income(),主要用于将"12.34 万,3.6 亿,4567.06,--"等带有单位的字符串,转换成标准的数字类型的数据。接着,对数据表中"净利润"列,使用 apply() 函数。最终,显示结果如下:

	公司名称	净利润	净利润(统一单位)
0	公司 A	85.48 亿	8548000000.0
1	公司 B	50000	50000.0
2	公司 C	NaN	others
3	公司 D	357.53 万	3575300.0
4	公司 E	-2235.80 万	-22358000.0

至此,我们介绍了 pandas 库在数据处理中一些常见的使用方法,限于篇幅,其他一些用法这里就不再展开,读者可以在具体实践过程中,按照自己的需求进行查阅。相信随着项目经验的丰富,使用 pandas 库也会越来越娴熟。

1.4 数据呈现

有时候,千言万语不如一张图表来得直观,本节将在数据分析过程中展示一些图表的制作方法。

1.4.1 折线图

折线图一般是用直线段将各个数据点连接起来组成的图形,一般情况下,可用于显示数据随时间变化的趋势。本段程序,将使用 Matplotlib 绘图库,绘制最高气温随时间变化的折线图,代码如下:

```python
#绘制折线图
import numpy as np
import pandas as pd
import matplotlib.pyplot as plt
import seaborn as sns

df = pd.DataFrame({'date':["2022年9月1日","2022年9月2日", "2022年9月3日",
                          "2022年9月4日", "2022年9月5日"],
                  'maxTem': [22,19,22,17,18],
                  'minTem': [16,15,14,12,13],
                  'weather':['晴','雨','晴','雨','晴']
                  })
x = df['date']   #x轴数据。
y = df['maxTem'] #y轴数据。

plt.figure(figsize=(20,12)) #设置图片大小。
sns.set(font_scale=2,font='SimHei',style='ticks') #设置字体大小、类型等。
plt.plot(x,y,color='black') #绘制折线图。
plt.show()
```

本段程序,首先,使用 df['date'] 语句提取"date"列数据,作为 x 轴数据,使用 df['maxTem'] 语句提取"maxTem"列数据,作为 y 轴数据。之后,经过图片大小、字体等的设置语句后,使用 plt.plot(x,y,color='black') 语句,绘制了折线图,结果如图 1-44 所示。

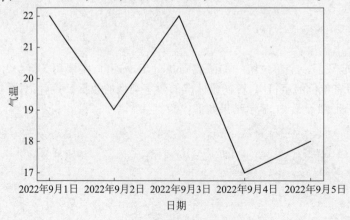

图 1-44　折线图

1.4.2　柱状图

柱状图是一种以长方形的长度为变量的统计图表,可以直观的展示数据大小的对比情况。接下来的程序,将用 Matplotlib 库绘制最高气温走势柱状图,代码如下:

```python
#绘制柱状图
import numpy as np
import pandas as pd
import matplotlib.pyplot as plt
import seaborn as sns

df = pd.DataFrame({'date':["2022年9月1日","2022年9月2日","2022年9月3日",
                          "2022年9月4日","2022年9月5日"],
                   'maxTem':[22,19,22,17,18],
                   'minTem':[16,15,14,12,13],
                   'weather':['晴','雨','晴','雨','晴']
                   })
x = df['date']   #x 轴数据。
y = df['maxTem'] #y 轴数据。

plt.figure(figsize=(20,12))
sns.set(font_scale=2,font='SimHei',style='ticks') #设置字体大小、类型等。
plt.bar(x,y,color='black',width=0.2) #绘制柱状图。
plt.show()
```

这里,依旧将"date"列数据作为 x 轴数据,"maxTem"列数据作为 y 轴数据,使用 plt. bar(x,y,color='black',width=0.2)语句绘制了柱状图,结果如图 1-45 所示。

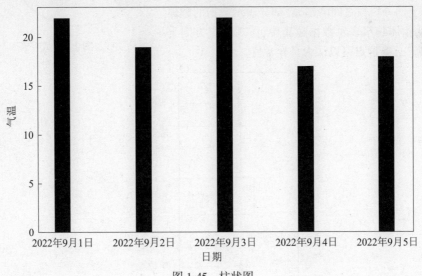

图 1-45　柱状图

1.4.3　饼图

饼图一般是由几个扇形区域组成的圆形统计图表,每个扇形区域的大小(弧长、面积等)表示该类数据的比例。在本章开头的"第一个案例"中,我们已经展示了如何绘制饼图,这里使用另外一个绘图库 plotly 来绘制天气情况占比饼图,代码如下:

```
#绘制饼图
import pandas as pd
import plotly.express as px

df = pd.DataFrame({'date':["2022年9月1日","2022年9月2日","2022年9月3日",
                           "2022年9月4日", "2022年9月5日"],
                   'maxTem': [22,19,22,17,18],
                   'minTem': [16,15,14,12,13],
                   'weather':['晴','雨','晴','雨','晴']
                  })

fig = px.pie(
             names = df["weather"].value_counts().index,
             values = df["weather"].value_counts()[:,],
             color_discrete_sequence=px.colors.sequential.Greys #黑白图。
             ) #绘制饼图。
fig.update_traces(marker=dict(line=dict(color='black', width=1)))
fig.show()
```

这里,使用了 px.pie() 语句,通过相应的参数控制,绘制了"weather"列数据分布的饼图,结果如图 1-46 所示。

1.4.4 箱型图

箱型图主要包含离群点、下边缘、下四分位数、中位数、上四分位数、上边缘等如图 1-47 所示。箱体(下四分位数和上四分位数之间的部分)部分表示数据的整体分布情况,箱体越窄表示数据越集中,体现在直方图上便是"瘦高"。离群点可以认为是异常值。

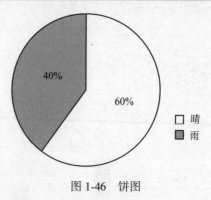

图 1-46　饼图

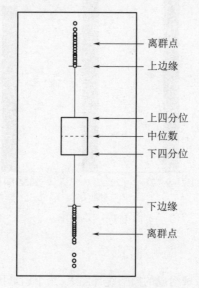

图 1-47　箱型图

48

　　为了更直观地理解箱型图的含义，这里将期望为 100、方差为 1 的正态分布数据，将箱型图和直方图同时展示，结果如图 1-48 所示。

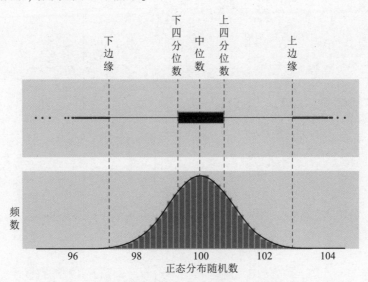

图 1-48　箱型图与直方图展示对比图

　　接下来将使用 Matplotlib 库，绘制单个箱型图，代码如下：

```
In[1]:#绘制单个箱型图
    import numpy as np
    import pandas as pd
    import matplotlib.pyplot as plt
    import seaborn as sns

    df = pd.DataFrame({'date':["12月1日","12月2日", "2月3日","2月4日",
                    "3月5日","3月7日","8月1日","8月2日"],
                'maxTem': [-36,-26,-11,-4,-5,-2,10,30],
                'minTem': [-56,-45,-30,-25,-25,-20,-10,10],
                'mean': [-46,-35.5,-20.5,-14.5,-15,-11,0,20]
            })

    plt.figure(figsize=(6,10)) #设置图形尺寸大小。
    plt.rcParams['axes.unicode_minus']=False #用来正常显示负号。
    sns.set(font_scale=1.5,font='SimHei',style='ticks') #设置字体大小、类型等。
    plt.boxplot(df['maxTem'] ,#绘制"maxTem"列数据。
                patch_artist=True, #用自定义颜色填充盒形图，默认白色填充。
                boxprops = {"facecolor":"white"}, #设置箱体填充色等参数。
                flierprops = {"marker":"o",
                        "markerfacecolor":"white",
                        "color":"black"},#设置异常值的形状、填充色等参数。
                medianprops = {"linestyle":"--","color":"black"}
                #设置中位数参考线的类型、颜色等参数。
                )
    plt.xticks([])
    plt.xlabel("data", labelpad=10) #设置 X 轴名称。
    plt.show()
```

这里,使用了 plt. boxplot()语句,通过控制相应的参数,绘制了数据表中"maxTem"列数据分布的箱型图,如图 1-49 所示。

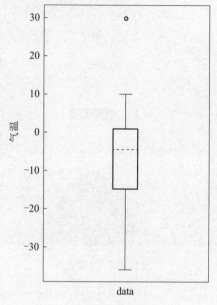

图 1-49　箱型图

接下来程序用于绘制并列数据的箱型图,代码如下:

```
In[2]:#绘制并列箱型图
        plt.figure(figsize=(10,10)) #设置图形尺寸大小。
        plt.rcParams['axes.unicode_minus']=False #用来正常显示负号。
        sns.set(font_scale=1.5,font='SimHei',style='ticks') #设置字体大小、类型等。
        df.boxplot(color='black') #绘制箱型图。
        plt.grid(linestyle="--", alpha=0.3)
        plt.ylabel('气\n温',rotation=0,labelpad=20)   #设置 Y 轴名称。
        plt.show()
```

这里,使用了 df. boxplot()语句绘制所有列数据分布箱型图。需要注意的是,对于"date"列这种非数字类型的数据,箱型图将不显示,最终结果如图 1-50 所示。

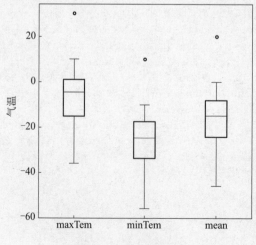

图 1-50　并列箱型图

1.4.5 小提琴图

小提琴图可以认为是箱型图和核密度图的结合,通过小提琴图可以查看哪些位置的密度较高。接下来,将用小提琴图展示数据的分布情况,代码如下:

```python
#绘制小提琴图
import numpy as np
import pandas as pd
import matplotlib.pyplot as plt
import seaborn as sns

df = pd.DataFrame({'date':["12月1日","12月2日", "2月3日","2月4日",
                           "3月5日","3月7日","8月1日","8月2日"],
                'maxTem': [-36,-26,-11,-4,-5,-2,10,30],
                'minTem': [-56,-45,-30,-25,-25,-20,-10,10],
                'mean': [-46,-35.5,-20.5,-14.5,-15,-11,0,20]
                })

plt.figure(figsize=(12,10)) #设置图形尺寸大小。
plt.rcParams['axes.unicode_minus']=False #用来正常显示负号。
sns.set(font_scale=1.5,font='SimHei',style='ticks') #设置字体大小、类型等。
sns.violinplot(data=df,color="lightgrey") #绘制小提琴图。
plt.ylabel('气\n温',rotation=0,labelpad=20) #设置 Y 轴名称。
plt.show()
```

这里,使用 sns.violinplot()语句绘制了数据表中各列数据的小提琴图,结果如图 1-51 所示。

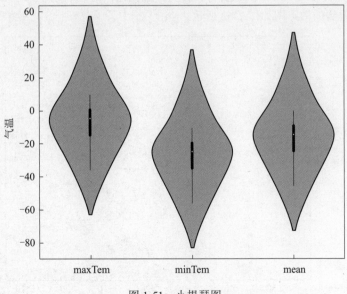

图 1-51 小提琴图

1.4.6 散点图

散点图一般由两组数据构成的多个坐标点组成,表示因变量随自变量变化的大致情况。

1. 单一散点图

接下来的程序,将使用 Matplotlib 库绘制二维平面散点图,代码如下:

```
In[1]:#绘制单一散点图
    import numpy as np
    import pandas as pd
    import matplotlib.pyplot as plt
    import seaborn as sns

    df = pd.DataFrame({'date':["12月1日","12月2日", "2月3日","2月4日",
                        "3月5日","3月7日","8月1日","8月2日"],
                'maxTem': [-36,-26,-11,-4,-5,-2,10,30],
                'minTem': [-56,-45,-30,-25,-25,-20,-10,10],
                'mean': [-46,-35.5,-20.5,-14.5,-15,-11,0,20]
                })
    x = df['minTem'] #x 轴数据。
    y = df['maxTem'] #y 轴数据。

    plt.figure(figsize=(15,12))#设置图片大小。
    sns.set(font_scale=2,font='SimHei',style='ticks') #设置字体大小、类型等。
    plt.scatter(x,y,c='black',marker='*',s=300)#绘制散点图。
    plt.xlabel('最低气温',labelpad=10) #设置 X 轴名称.
    plt.ylabel('最\n高\n气\n温',rotation=0,labelpad=30) #设置 Y 轴名称。
    plt.show()
```

这里,首先使用 df['minTem'] 语句获取"minTem"列数据,将其作为 x 轴数据,使用 df['maxTem'] 语句获取"maxTem"列数据,将其作为 y 轴数据。之后,使用 plt.scatter()语句,经过参数控制,最终得到的散点图如图 1-52 所示。

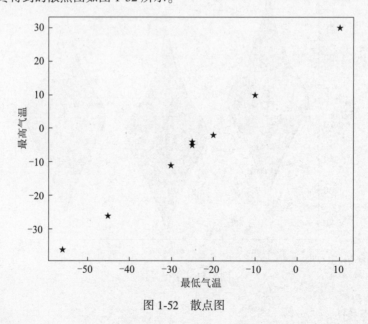

图 1-52 散点图

2. 矩阵散点图

当需要同时观察多个变量之间的关系时,逐一绘制散点图,会显得十分麻烦。利用矩阵散点图,可以快速绘制各个变量之间的散点图,方便直观的观察各个变量之间的关系,这在线性回归分析中尤为重要。下面程序用于绘制矩阵散点图,代码如下:

```
In[2]:#绘制矩阵散点图
    sns.set(font_scale=2,font='SimHei',style='white') #设置字体大小、类型等
    sns.pairplot(df,
                plot_kws=dict(s=30,color="black"),
                diag_kws=dict(color="black"),
                size=3) #绘制矩阵散点图。
```

这里,使用了 sns. pairplot( )语句,经过参数控制,绘制了矩阵散点图如图 1-53 所示。

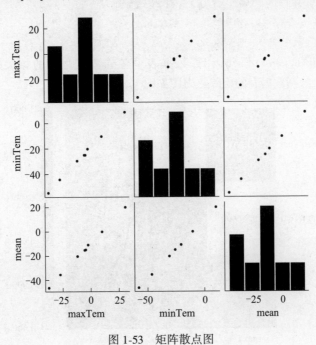

图 1-53　矩阵散点图

1.4.7　矩阵热力图

这里的矩阵热力图,主要用于展示矩阵中各值大小分布情况,一般情况下,颜色越深表示值越大。矩阵热力图在相关分析中相对较为常见,接下来将使用 seaborn 库绘制相关系数矩阵热力图,代码如下:

```
#绘制矩阵热力图
import numpy as np
import pandas as pd
import matplotlib.pyplot as plt
import seaborn as sns

df = pd.DataFrame({'date':["12 月 1 日","12 月 2 日", "2 月 3 日","2 月 4 日",
                "3 月 5 日","3 月 7 日","8 月 1 日","8 月 2 日"],
            'maxTem':[-36,-26,-11,-4,-5,-2,10,30],
            'minTem':[-56,-45,-30,-25,-25,-20,-10,10],
            'mean':[-46,-35.5,-20.5,-14.5,-15,-11,0,20]
            })
```

```
df_corr = df.corr()#计算相关系数。

plt.figure(figsize=(18,15))
plt.rcParams['axes.unicode_minus']=False#用来正常显示负号。
sns.set(font_scale=2,font='SimHei',style='white') #设置字号大小、字体等。
sns.heatmap(df_corr,
            annot=True,
            fmt=".5f",
            linewidths=.5,
            cmap="gray_r",
            linecolor='black') #绘制相关系数矩阵热力图。
plt.yticks(rotation=0) #设置 x 轴刻度文字的方向。
plt.show()
```

这里，首先使用 df.corr() 语句，计算数据表中各列数据之间的相关系数。之后，使用 sns.heatmap() 语句，绘制数据表的矩阵热力图如图 1-54 所示。

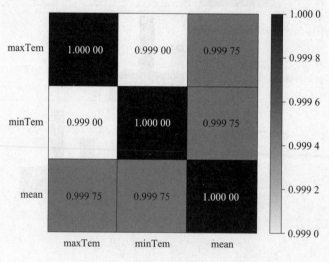

图 1-54　矩阵热力图

一般情况下，相关系数越接近于 1，说明两个变量越相似，通过图 1-54 可以看出，对角线上的值为 1，表示其与自身的相关系数为 1。

1.4.8　词云图

词云图主要用于文本分析方面，其主要是对出现频率较高的"关键词"予以视觉上的突出，从而让读者一眼便可以抓住文本的重点。接下来使用 wordcloud 库绘制词云图，代码如下：

```
#绘制词云图
import numpy as np
import pandas as pd
import matplotlib.pyplot as plt
import seaborn as sns
import wordcloud #词云库

df = pd.read_excel(r'……\02_all_weather.xlsx',sheet_name='Sheet1',index_col=0)
#读取历史天气数据。
```

```
df_weather = df["weather"].value_counts()#统计"weather"列数据分布情况。

plt.figure(figsize=(18,15))
wc=wordcloud.WordCloud(font_path=r"C:/Windows/Fonts/simhei.ttf",width=1800,
                       height=1300)
wc.generate_from_frequencies(df_weather) #生成词云。
plt.imshow(wc) #显示词云。
plt.axis('off') #关闭坐标轴。
plt.show() #显示图像。
```

这里,首先需要安装 wordcloud 词云库。之后通过 pd.read_excel()语句,读取"02_all_weather.xlsx"文件,在统计完天气情况 weather 列数据后。最后通过 WordCloud()函数和 generate_from_frequencies()函数,生成天气情况词云图如图 1-55 所示。可以看出,"多云"两字的字号相对较大,说明多云天气占比比较大。

图 1-55　词云图

1.4.9　动漫风格图表

本节,将利用 Python 相关依赖库,绘制漫画风格的相关图表和海报图,让数据分析更加鲜活起来。

1. 漫画风格图表

这里以 xkcd 风格的漫画为基础,利用 Matplotlib 库,绘制漫画风格的图表,代码如下:

```
#漫画风格图表
import numpy as np
import pandas as pd
import matplotlib.pyplot as plt
import seaborn as sns

df = pd.DataFrame({'date':["2022 年 9 月 1 日","2022 年 9 月 2 日", "2022 年 9 月 3 日",
                   "2022 年 9 月 4 日", "2022 年 9 月 5 日"],
          'maxTem':[22,19,22,17,18],
          'minTem':[16,15,14,12,13],
          'weather':['晴','雨','晴','雨','晴']
```

```
                        })#虚拟数据。
x = df['date'] #x轴数据。
y = df['maxTem'] #y轴数据。

with plt.xkcd():#绘制漫画风格图表。
    plt.figure(figsize=(15,10))#设置图片大小。
    sns.set(font_scale=2,font='STXingkai',style='ticks')
    #设置字体大小、类型(这里是行楷字体)等。
    plt.plot(x,y/2,color='black')#绘制柱状图。
    plt.bar(x,y,color='grey',width=0.2)#绘制折线图。
    plt.show()
```

这里,使用 plt.xkcd() 语句,将基础的图表转换成了漫画风格。同时,使用 sns.set(font_scale=2,font='STXingkai',style='ticks') 语句,将汉字设置为行楷字体(也可以设置为卡通字体),最终绘制的图表如图 1-56 所示。

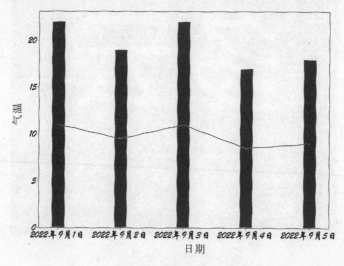

图 1-56　漫画风格图表

2. 海报图

下面,将使用 Prettymaps 库绘制巴黎埃菲尔铁塔附近的海报街区图,代码如下:

```
#绘制海报图
import matplotlib.pyplot as plt
from prettymaps import *
import matplotlib.font_manager as fm

fig, ax1 =plt.subplots(figsize = (12, 12), constrained_layout = True)
dilate = 100
layers = plot(
    (48.858275,2.294461), #埃菲尔铁塔大致坐标,您也可以换成其他位置。
    radius = 800, #半径。
    ax = ax1,     #绑定图床。
    layers = {
        'perimeter': {'circle': False, 'dilate': dilate}, #控制绘图模式。
        #下面的参数用于定义从 OsmStreetMap 选择获取的矢量图层要素。
```

```
        'streets': {
            'custom_filter': '["highway"~"motorway |trunk |primary |secondary |tertiary |
residential |service |unclassified |pedestrian |footway"]',
            'width': {
                'motorway': 5,
                'trunk': 5,
                'primary': 4.5,
                'secondary': 4,
                'tertiary': 3.5,
                'residential': 3,
                'service': 2,
                'unclassified': 2,
                'pedestrian': 2,
                'footway': 1,
            },
            'circle': False, 'dilate': dilate
        },
        'building': {'tags': {'building': True, 'landuse': 'construction'}, 'union': False,
'circle': False, 'dilate': dilate},
        'water': {'tags': {'natural': ['water', 'bay']}, 'circle': False, 'dilate': dilate},
        'green': {'tags': {'landuse': 'grass', 'natural': ['island', 'wood'], 'leisure': '
park'}, 'circle': False, 'dilate': dilate},
        'forest': {'tags': {'landuse': 'forest'}, 'circle': False, 'dilate': dilate},
        'parking': {'tags': {'amenity': 'parking', 'highway': 'pedestrian', 'man_made': '
pier'}, 'circle': False, 'dilate': dilate}
    },
    # 下面的参数用于定义 OpenStreetMap 中不同矢量图层的样式。
    drawing_kwargs = {
        'background': {'fc': '#F2F4CB', 'ec': '#dadbc1', 'hatch': 'ooo...', 'zorder': -1},
        'perimeter': {'fc': '#F2F4CB', 'ec': '#dadbc1', 'lw': 0, 'hatch': 'ooo...', 'zorder': 0},
        'green': {'fc': '#D0F1BF', 'ec': '#2F3737', 'lw': 1, 'zorder': 1},
        'forest': {'fc': '#64B96A', 'ec': '#2F3737', 'lw': 1, 'zorder': 1},
        'water': {'fc': '#a1e3ff', 'ec': '#2F3737', 'hatch': 'ooo...', 'hatch_c': '#85c9e6', '
lw': 1, 'zorder': 2},
        'parking': {'fc': '#F2F4CB', 'ec': '#2F3737', 'lw': 1, 'zorder': 3},
        'streets': {'fc': '#2F3737', 'ec': '#475657', 'alpha': 1, 'lw': 0, 'zorder': 3},
        'building': {'palette': ['#FFC857', '#E9724C', '#C5283D'], 'ec': '#2F3737', 'lw': .5,
'zorder': 4},
    },

    osm_credit = {'color': '#2F3737'}
)
```

　　绘制该图表的难点是 Prettymaps 库的安装，该库的运行同时需要一些其他依赖库，其具体安装方法这里不再展开，有兴趣的读者可以联系作者获取。在安装好 Prettymaps 库后，只需要将坐标值，改为巴黎埃菲尔铁塔的坐标便可以绘制海报街区图（也可以改为其他坐标进行尝试），最终绘制的图表如图 1-57 所示。

图 1-57　埃菲尔铁塔海报街区图

3. 构图

这里主要是为了绘制大图做准备,将一块大图分成不规则的子图,代码如下:

```
#不规则子图分区
import matplotlib.pyplot as plt

plt.figure(figsize=(20, 10), dpi=100)
plt.subplots_adjust( wspace=0.5, hspace=0.5)
ax1 =plt.subplot2grid((8,10),(0,2),colspan=4,rowspan=9)
ax2 =plt.subplot2grid((8,10),(1,0),colspan=2,rowspan=2)
ax3 =plt.subplot2grid((8,10),(0,6),colspan=2,rowspan=2)
ax4 =plt.subplot2grid((8,10),(3,6),colspan=3,rowspan=2)
ax5 =plt.subplot2grid((8,10),(5,0),colspan=2,rowspan=2)
ax6 =plt.subplot2grid((8,10),(6,6),colspan=2,rowspan=1)
plt.show()
```

这里,使用了 plt.subplot2grid()语句,通过参数控制,将一张大图分成了六块不规则的子图
如图 1-58 所示。

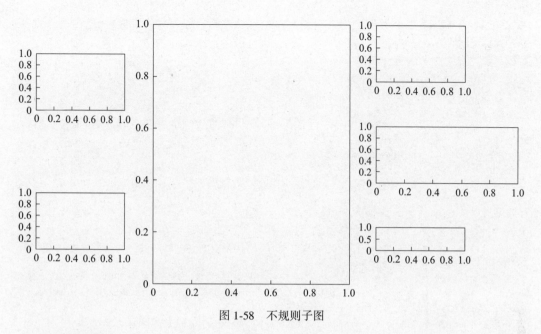

图 1-58　不规则子图

4. 综合大图

接下来,将各个图表填入图 1-58 中的子图中,绘制一个综合大图,代码如下:

```python
#绘制综合大图
import pandas as pd
import numpy as np
import matplotlib.pyplot as plt
import seaborn as sns
from prettymaps import *
import matplotlib.font_manager as fm
from matplotlib import font_manager

plt.figure(figsize=(20,10),dpi=80)
plt.rcParams['axes.unicode_minus']=False #用来正常显示负号。
sns.set(font_scale=2,font='STXingkai',style='ticks')
#设置字体大小、类型(这里设置为行楷)等。
plt.suptitle("埃菲尔铁塔旅游导图",fontsize=50)
plt.subplots_adjust(wspace=0.5,hspace=0.5)#设置各子图间距。

#一、绘制图1
ax1=plt.subplot2grid((8,10),(0,2),colspan=4,rowspan=9)
#相当于格子分成3行3列,列跨度为3,行跨度为1。
dilate = 100
layers = plot(
    (48.858275,2.294461), #埃菲尔铁塔大致坐标,您也可以换成其他位置。
    radius = 800, #半径。
    ax = ax1, #绑定图床。
    layers = {
        'perimeter': {'circle': False, 'dilate': dilate}, #控制绘图模式。
        #下面的参数用于定义从OsmStreetMap选择获取的矢量图层要素。
        'streets': {
            'custom_filter': '["highway"~"motorway|trunk|primary|secondary|tertiary|
residential|service|unclassified|pedestrian|footway"]',
```

```python
            'width': {
                'motorway': 5,
                'trunk': 5,
                'primary': 4.5,
                'secondary': 4,
                'tertiary': 3.5,
                'residential': 3,
                'service': 2,
                'unclassified': 2,
                'pedestrian': 2,
                'footway': 1,
            },
            'circle': False, 'dilate': dilate
        },
        'building': {'tags': {'building': True, 'landuse': 'construction'}, 'union': False,
'circle': False, 'dilate': dilate},
        'water': {'tags': {'natural': ['water', 'bay']}, 'circle': False, 'dilate': dilate},
        'green': {'tags': {'landuse': 'grass', 'natural': ['island', 'wood'], 'leisure': '
park'}, 'circle': False, 'dilate': dilate},
        'forest': {'tags': {'landuse': 'forest'}, 'circle': False, 'dilate': dilate},
        'parking': {'tags': {'amenity': 'parking', 'highway': 'pedestrian', 'man_made': '
pier'}, 'circle': False, 'dilate': dilate}
    },
    #下面的参数用于定义 OpenStreetMap 中不同矢量图层的样式
    drawing_kwargs = {
        'background': {'fc': '#F2F4CB', 'ec': '#dadbc1', 'hatch': 'ooo...', 'zorder': -1},
        'perimeter': {'fc': '#F2F4CB', 'ec': '#dadbc1', 'lw': 0, 'hatch': 'ooo...',  'zorder':
0},
        'green': {'fc': '#D0F1BF', 'ec': '#2F3737', 'lw': 1, 'zorder': 1},
        'forest': {'fc': '#64B96A', 'ec': '#2F3737', 'lw': 1, 'zorder': 1},
        'water': {'fc': '#a1e3ff', 'ec': '#2F3737', 'hatch': 'ooo...', 'hatch_c': '#85c9e6', '
lw': 1, 'zorder': 2},
        'parking': {'fc': '#F2F4CB', 'ec': '#2F3737', 'lw': 1, 'zorder': 3},
        'streets': {'fc': '#2F3737', 'ec': '#475657', 'alpha': 1, 'lw': 0, 'zorder': 3},
        'building': {'palette': ['#FFC857', '#E9724C', '#C5283D'], 'ec': '#2F3737', 'lw': .5,
'zorder': 4},
    },

    osm_credit = {'color': '#2F3737'}
)


#二、绘制图 2
plt.xkcd()
sns.set(font_scale=1.5, font='STXingkai', style='ticks')  #设置字体大小、类型 (这里设置为行
楷) 等。
ax2=plt.subplot2grid((8,10),(1,0),colspan=2,rowspan=2)
ax2.plot(['1 日','2 日','3 日','4 日','5 日','6 日','7 日'],[5,6,4,4,6,-3,4],color='blue')
ax2.set_ylabel('气温(℃)')  #设置 Y 轴名称。
ax2.set_title('未来 7 日气温走势图')


#三、绘制图 3
```

```
ax3=plt.subplot2grid((8,10),(0,6),colspan=2,rowspan=2)
texts ='埃菲尔铁塔,矗立在法国巴黎市战神广场上,\n 旁靠塞纳河,为举行1889年世界博览会,用 \n 以庆祝法
国大革命胜利 100周年,法国政府进 \n 行建筑招标,最终确立埃菲尔铁塔。其始建 \n 于 1887 年 1 月 26 日,于
1889 年 3 月 31 日竣工,并 \n 成为当时世界最高建筑。'
ax3.text(0, -0.2, texts, fontsize=18)
ax3.axis('off')#不显示坐标轴。


#四、绘制图 4
ax4=plt.subplot2grid((8,10),(3,6),colspan=3,rowspan=2)
ax4.bar(['1 月','2 月','3 月','4 月','5 月','6 月','7 月','8 月','9 月','10 月','11 月','12 月',],
        [305.79,487.07,505.34,507.35,500.49,489.67,645.66,716.72,503.87,594.26,276.52,
296.69],
        color='red',ec="black")#景区柱状图热度。
ax4.set_title('景区热度')


#五、绘制图 5
ax5=plt.subplot2grid((8,10),(5,0),colspan=2,rowspan=2)
labels =['中国','英国','美国','其他国家']
x = [1500,3004,4500,1098]
ax5.pie(x,labels=labels,autopct='%.0f%%', textprops = {'fontsize':10,'color':'k'})#绘
制饼图。
ax5.axis('equal')
ax5.set_title('游客国籍分布')


#六、绘制图 6
ax6=plt.subplot2grid((8,10),(6,6),colspan=2,rowspan=1)
ax6.text(1, 0, '作者:刘宁')#签下作者名字。
ax6.axis('off')#不显示坐标轴。
```

　　这里,在图 1-58 的基础上,通过虚拟数据,绘制了各个子图,最终绘制了一个综合漫画风格
的大图,如图 1-59 所示。

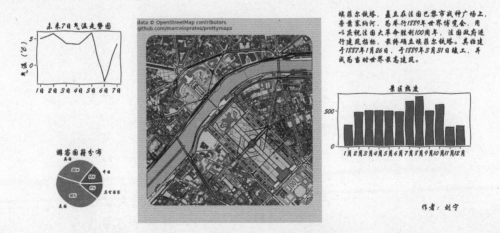

图 1-59　埃菲尔铁塔旅游导图(漫画风格)

——— **本章小结** ———

    本章主要介绍了 Python 的一些基础操作，从编程环境安装配置，到数据载入、数据处理、数据呈现，完整展现了数据分析的一般步骤。本章关于 Python 知识点的梳理没有做到面面俱到，比如在数据载入中，对于数据库的连接、音频数据的载入等，都未做过多介绍；在数据处理中，只介绍了表格类数据的处理方法，对于文本、图片、音频等类型数据的处理方法，也未进行介绍；在数据呈现中，只介绍了一些常见的图表制作方法，对于更高阶的图表，比如商业图表、数据大屏等，也未进行探索。

    对于本书中一些概念，都采用了通俗的语言加以表述。在项目实战中，可能还会遇到各种各样的问题，只要我们抱着解决问题的态度，不断尝试，相信终会找到解决方法。

第2章
不同阶段常见的数据陷阱

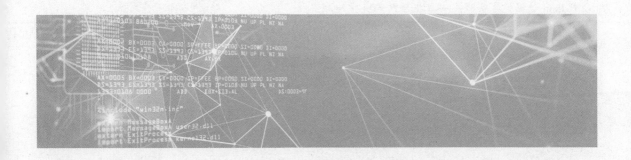

生活中我们总要和各种数字打交道,比如某电商平台称节日活动交易额达 5 403 亿,某统计报告显示某国人均 GDP 超 1.2 万美元,这些看似精确的数据是怎么来的是否值得相信? 又是如何影响我们的? 本章主要从数据的采集、分析、呈现三个阶段,展示我们在工作、生活中遇到的数据真相到底是什么。通过本章的学习,争取让读者在下次看到数字时,能够巧妙地指出明显错误,练就一双火眼金睛,避免上当受骗。

2.1　数据采集阶段

在本书的大部分案例中,都假设已经成功地获取了数据。现阶段我们也许可以轻松地从互联网上下载到相关的数据集,在一定程度上可以满足数据分析的需求。但如果我们需要开展更个性、专业的研究,可能就需要尝试自己获取一手数据,不过数据获取绝非易事。接下来,主要介绍几种在数据采集阶段可能忽略的问题。

2.1.1　数据量不足

数据采集作为数据分析的第一步,在整个数据分析过程中起着至关重要的作用,好的数据集可以使分析者快速得出想要的结果,但实际工作中,由于数据权限等问题,能轻易获取的数据始终是少数。数据采集中面临的另一个问题,可能是获取的数据量不足,较少的数据量可能会导致各种极端的情况,比如:在统计分析中可能导致分析结果的偏差,在机器学习中可能造成模型不具有实用性等问题。

接下来通过 Python 编程的方式,模拟抛硬币的试验,并观察连续抛掷 10 次硬币可能出现的结果,代码如下:

```
#模拟连续抛掷 10 次硬币的试验

import numpy as np
import pandas as pd
import matplotlib.pyplot as plt
import seaborn as sns
from random importrandint

def coin_up(N):#定义抛掷硬币正面向上的统计函数。
    '''
    定义抛掷硬币函数,统计正面向上的比例。
    N:抛掷总次数。
    返回值:y,正面向上的总次数。
    '''
    up = 0    #正面向上的初始次数。
    y = []    #正面向上的初始比例。
    for i in range(N):
        result =randint(0,1) #生成 0 到 1 之间的随机整数,用于模拟抛硬币。
        if result == 1:      #这里将 1 当作是正面向上。
            up+= 1           #正面次数增加 1。
        fre=up/(i+1)         #统计正面出现的比例。
```

```
        y.append(fre)              #将正面向上的比例添加到列表中。
    return y

#绘制连续抛掷10次硬币,正面向上的比例。
plt.figure(figsize=(15,14))
plt.rcParams['axes.unicode_minus']=False #用来正常显示负号。
sns.set(font_scale=1.5,font='SimHei',style='ticks') #设置字体大小、类型等。
    plt.subplots_adjust(wspace =0.8, hspace =0.5)
for i in range(9):
    N = 10 #最大抛掷次数。
    x = np.arange(N)
    y = coin_up(N)
    plt.subplot(3,3,i+1)
    plt.plot(x,y,color='black') #绘制正面向上的比例曲线。
    plt.axhline(y=0.5,color='grey',linestyle='--') #绘制 y=0.5 的水平参考线。
    plt.xticks(x)
    plt.xlabel("抛掷次数") #设置 X 轴名称。
    plt.ylabel("正 \n 面 \n 向 \n 上 \n 的 \n 比 \n 例",
              rotation=0,
              labelpad=20,
              verticalalignment='center') #设置 Y 轴名称。
    plt.ylim(0,1)
plt.show()
```

在本例中,首先定义一个模拟抛掷硬币的函数 coin_up(),用于统计硬币正面向上的比例。接着,通过 for 循环,模拟 9 组(每组连续抛掷 10 次)抛掷硬币的结果,并将正面向上的比例绘制成折线图如图 2-1 所示。

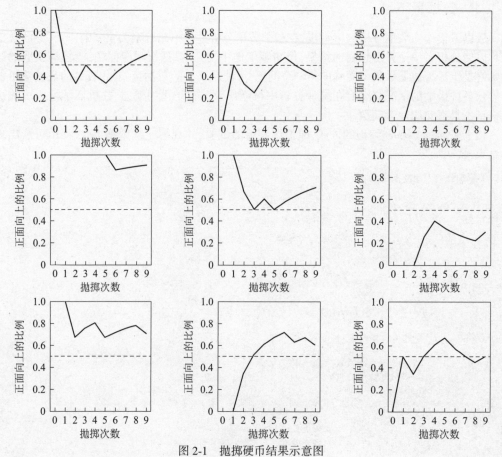

图 2-1　抛掷硬币结果示意图

在我们的直观印象中,抛掷硬币正面向上的概率为 0.5,也即在 10 次抛掷硬币的结果中,应该出现 5 正 5 反的结果。但在本次模拟的 9 组试验中,只有 2 组出现了 5 正 5 反的结果,甚至出现了 9 正 1 反的结果。可以看出,数据量不足可能导致出现各种极端情况。

这也提醒我们,在工作生活中别人依据小样本的分析得出的结论,都需要加以警惕。而在大数据分析、机器学习等的建模过程中,依据小样本训练出的模型,可能面临泛化能力差、无法实用等问题。

2.1.2　选择偏差

这里所说的选择偏差,主要是指在数据采集过程中,有心或者无意,导致获取的数据不能反映数据集全貌的情形。而利用这些数据分析出的结论,很有可能与事实存在较大偏差。一个典型的案例是 1936 年《文学文摘》对当年美国总统大选结果预测失败的事件,尽管这次调查覆盖了较大的人群,但是调查的渠道,却在无意中筛选出了生活更为宽裕、受过良好教育的人群作为调查对象,导致调查结果与真实的结果完全相反。

在这类调查中,可能普遍存在以下类似的选择偏差:如果去街上调查,可能会遗漏宅家的人;白天挨家挨户上门调查,可能会遗漏大多数白天上班的人。

如果说《文学文摘》是无心之失造成的偏差,那我们还需要警惕另一类有意的偏差,有时候我们自以为找到了支持自己观点的数据,但可能是先有了想法,再找数据来证明自己的观点而已,这也会造成选择偏差。此外,在数据搜集过程中,还要重视数据采集者的个人偏好:数据采集者是否只使用对自己有利的数据,而忽略与之相矛盾的数据;是否只统计了自己喜欢的群体的数据,而忽略了其他群体的数据等,这都可能造成选择偏差。这其中比较典型的便是“信息茧房”问题,比如在看短视频中我们更容易看到那些自己感兴趣的内容,而忽略了我们不感兴趣的内容,进而一步步被困在自己偏好的“茧房”里。

2.1.3　幸存者偏差

关于幸存者偏差,下面用一个案例进行说明,A 空军计划在飞机上安装防护钢板,用于抵抗 B 空军战斗机和高射炮的攻击,但是由于钢板过于厚重,只能选择安装在飞机的部分位置。A 空军经过调查,发现从战场飞回来的飞机,大多数弹孔位于机翼和飞机尾部,而驾驶舱、发动机、油箱这些位置弹孔非常稀少,因此认为应该加固弹孔较多的机翼和飞机尾部。而有个叫沃德的人敏锐地意识到,这里可能存在“幸存者偏差”,之所以返航的飞机驾驶舱、发动机、油箱这些位置弹孔较少,可能是这些部位中弹的飞机都无法存活并返航。而机翼和飞机尾部中弹则可能相对是一些轻伤,飞机还可以成功返航。因此,沃德认为应该加固驾驶舱、发动机、油箱这些位置,而结果也证明其想法是正确的。

幸存者偏差告诉我们,在做数据分析时,看到的数据可能相对都是一些“幸存者”,那些没被看到的“沉默数据”同样重要。

关于幸存者偏差,在生活中还有很多的案例,比如在金融诈骗中,给一定基数的人群发送股票预测短信,每次总有一定的人可以收到成功预测的短信,经过几轮之后的“幸存者”,便收到多次成功预测的短信,因此以为骗子真的有预测能力。

2.1.4　中心极限定理

中心极限定理的大致含义可以表述为任意一个群体的样本平均值,会围绕在整体平均值周围,并且呈正态分布。一个生活中的案例则是从一锅汤中盛出几勺汤进行品尝,便可以大致判断整锅汤的味道。

接下来我们通过掷骰子的例子进行模拟演示，代码如下：

```python
#模拟中心极限定理

import numpy as np
import seaborn as sns
import matplotlib.pyplot as plt

#模拟抽样过程
sample = []      #每组摇骰子的初始值。
mean_sample = []  #每组摇筛子结果的平均值。
all_sample = []
for i in range(1,10001): #重复10000次试验。
    sample = np.random.randint(1, 7, 50)
    #生成50个1到6之间的随机整数，模拟50次摇骰子的结果。
    all_sample.extend(sample)
    #将每组摇筛子结果追加到 all_sample 里，获取所有组摇骰子的结果。
    a = sample.mean() #求每组50次摇色子点数的平均值。
    mean_sample.append(a) #将每组的平均值追加到 mean_sample 中，获取样本平均值。

#绘制结果图
plt.figure(figsize=(20,10))
sns.set(font_scale=1.5,font='SimHei',style='ticks') #设置字体大小、字体等。
plt.rcParams['axes.unicode_minus']=False #用来正常显示负号。
plt.subplots_adjust(wspace=0.2)

plt.subplot(1,2,1) #绘制子图1(群体分布直方图)。
sns.histplot(all_sample,bins=6,color="gray",kde=False) #绘制直方图。
plt.xlabel('点数') #设置 X 轴名称。
plt.ylabel('频 \n 数',rotation=0,labelpad=20) #设置 Y 轴名称。
plt.title("群体分布直方图")

plt.subplot(1,2,2) #绘制子图2(样本平均值分布直方图)。
sns.histplot(mean_sample,bins=10,color="gray",kde=True) #绘制直方图。
plt.axvline(x=np.mean(mean_sample),
            color='black',
            linestyle='--',
            label='样本均值的平均') #绘制垂直线。
plt.xlabel('点数') #设置 X 轴名称。
plt.ylabel('频 \n 数',rotation=0,labelpad=20) #设置 Y 轴名称。
plt.legend() #显示图例。
plt.title("样本平均值分布直方图")
plt.show()
```

在本例中，主要用到了 np.random.randint(1，7，50)语句，用于模拟掷骰子的结果，该语句随机产生了50个1至7之间的数字，相当于从总体中采样的1个样本。首先通过 for 循环，获取了10 000组(每组50次)摇骰子的结果，相当于抽取了10 000个样本。然后，将10 000组摇骰子的结果合并组成了样本群体。而最终生成的数据直方图如图2-2和图2-3所示。

可以看出整个群体中，每个点数的分布出现的次数基本相同，但经过抽样后，样本的均值呈现出了较明显的钟形分布(正态分布)。

　　需要注意的是,程序未严格按照生成群体数据、采样这个流程来模拟,而是通过生成样本、组成群体数据的方式来实现。

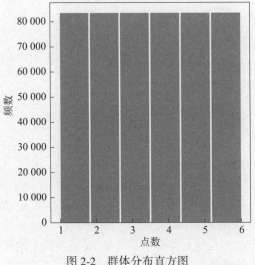

图 2-2　群体分布直方图　　　　　　图 2-3　样本平均值分布直方图

　　此外,我们还应该注意采集的数据是否可靠,比如对于平均智商的统计,一半以上的人认为自己的智商高于平均水平,这样的数据是否真的能反映客观事实。还有人曾发现,在美国的选举中,为了政治正确,某些选民在采访时表示支持某一观点,但在真正投票时却投给了另一方。这也提醒我们,尽管采集数据过程看似很严谨,但数据是否真的反映出被采访者的真实想法也值得怀疑。

2.2　数据分析阶段

　　在成功获取数据之后,便进入数据分析阶段,接下来将通过一些常见的案例,展示在数据分析阶段可能遇到的一些数据陷阱。

2.2.1　大数定律

　　大数定律通常可以理解为,在大量重复试验中,随机事件的频率会近似于其概率。这里仍用抛硬币的案例进行展示,在 2.1.1 小节中,我们看到在 10 次抛掷硬币过程中,出现了 9 正 1 反的极端情况。而大数定律告诉我们,随着抛掷次数的增加,硬币正面向上的比例,将接近于理论概率 0.5。接下来便通过程序模拟抛掷 10 000 次硬币的情况,代码如下:

```
#模拟抛掷硬币试验验证大数定律

import numpy as np
import matplotlib.pyplot as plt
import seaborn as sns
from random importrandint


N = 10000        #最大抛掷次数。
x = np.arange(N) #抛掷次数。
y = []           #正面向上的初始比例。
head = 0         #正面向上的初始次数。
for i in range(N):
```

```
    result =randint(0,1)  #生成 0 到 1 之间的随机整数,用于模拟抛硬币。
    if result == 1:        #这里将 1 当作是正面向上。
        head+= 1           #正面次数增加 1。
    fre=head/(i+1)         #统计正面出现的比例。
    y.append(fre)          #将正面向上的比例添加到列表中。

plt.figure(figsize=(15,10))
plt.rcParams['axes.unicode_minus']=False #用来正常显示负号。
sns.set(font_scale=1.5,font='SimHei',style='ticks') #设置字体大小、类型等。
plt.plot(x,y,color='black')   #绘制正面向上的比例曲线。
plt.axhline(y=0.5,color='grey',linestyle='--')        #绘制 y=0.5 的水平参考线。
plt.xlabel("抛掷次数")        #设置 X 轴名称。
plt.ylabel("正\n面\n向\n上\n的\n比\n例",rotation=0,labelpad=20) #设置 Y 轴名称。
plt.show()
```

这里使用了 result = randint(0,1)语句,模拟一次抛掷硬币的结果,在每次抛掷之后,记录了正面向上的比例,最终绘制了正面向上的比例走势图如图 2-4 所示。可以看出,在抛掷初始阶段,曲线振荡较为明显,也可能出现各种极端情况,但是随着抛掷次数的增加,正面向上的比例逐渐接近于 0.5。在工作生活中,可能会犯的错误就是将大数定律用在小样本中,进而出现分析结果的偏差。

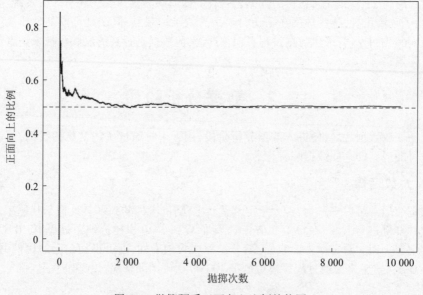

图 2-4　抛掷硬币正面向上比例趋势图

2.2.2　蒙地卡罗谬误

我们用抛掷硬币的试验验证了大数定律,在工作、生活中却很容易出现曲解大数定律的情况。一个典型案例就是蒙地卡罗谬误,比如在抛掷硬币中,大数定律告诉我们,在多次抛掷之后,硬币正面向上的比例将接近 0.5,那么是否意味着在出现了连续多次正面向上之后,下一次更有可能反面向上呢?

接下来便模拟 1 000 万次抛掷硬币的试验,统计在出现了 N 次正面向上之后,第 $N+1$ 次正面向上的概率,代码如下:

```
In[1]:          #模拟试验

       import numpy as np
       import pandas as pd
       import matplotlib.pyplot as plt
       import seaborn as sns
       from matplotlib import font_manager
       from random importrandint

       def coin(max_N):                    #定义模拟抛掷硬币函数。
           '''
           max_N:抛掷次数。
           返回值:all_coin,抛掷硬币结果;up_num,正面向上次数。
           '''
           up=0
           all_coin=[]
           up_num = []
           for i in range(max_N):
               coin =randint(0,1)
               all_coin.append(coin)    #将每次抛掷结果追加到 all_coin 中。
               if coin == 1:
                   up = up+1                #统计正面向上次数
               else:
                   up=0
               up_num.append(up)#将连续正面向上次数追加到 up_num 中。
           return all_coin,up_num
```

这里定义了一个抛掷硬币函数 coin()，在输入抛掷次数之后，返回抛掷的结果（all_coin），和结果的统计情况（up_num）。函数的返回值如图 2-5 所示，如果需要统计连续 N 次正面向上的次数，只需要统计 up_num 里 N 出现的次数即可。

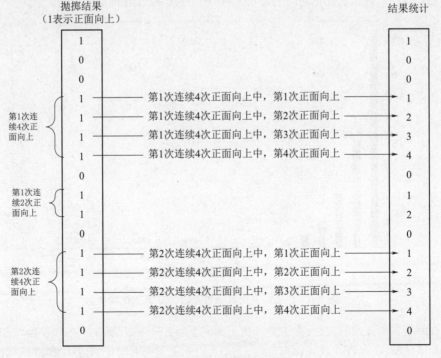

图 2-5　抛硬币结果示意图

接下来通过 1 000 万次抛掷硬币的试验，统计其中连续两次以上正面向上的次数，代码如下：

```
In[2]:    #统计连续正面向上的次数。

          a = coin(10000000)       #模拟抛掷 1 000 万次硬币。
          data = a[1]              #正面向上的结果。
          df = pd.Series(data)     #转变成 Series 格式数据，方便进行统计等操作。
          count_num0 = df.value_counts()
          count_num = count_num0[2:] #选取连续 2 次以上正面向上的结果。

          #绘制柱状图
          plt.figure(figsize=(20,12))
          plt.rcParams['axes.unicode_minus']=False #用来正常显示负号。
          sns.set(font_scale=2,font='SimHei',style='ticks') #设置字体大小、类型等。
          x = count_num.index #x 轴数据。
          y = count_num       #y 轴数据。
          plt.bar(x,y,width=0.5,color='black') #绘制柱状图。
          for a, b in zip(x, y):#柱状图上添加数据标签
          plt.text(a, b, b, ha='center', va='bottom', fontsize=14)
          plt.xticks(x)
          plt.xlabel('连续正面向上的次数',labelpad=10) #设置 X 轴名称
          plt.ylabel('次 \n 数', rotation=0, labelpad=30)
          #设置 Y 轴名称，并让标签文字上下显示。
          plt.show()
```

本段程序中，首先调用前文的抛掷硬币函数 coin()，模拟抛掷 1 000 万次硬币的结果。接着统计其中连续 2 次正面向上的次数，结果如图 2-6 所示，可以看出连续 2 次正面向上的次数达到 1 251 609 次、连续 3 次正面向上为 625 518 次，连续 22 次正面向上 1 次。

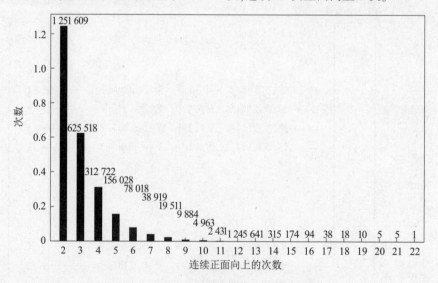

图 2-6　正面向上次数分布图（1 000 万次试验）

现在回到本节开始的问题，在连续 N 次正面向上后，下一次反面向上的概率会增加吗？接下来的程序，统计了出现 N 次正面向上后，下一次仍然正面向上的比例，并绘制成折线图，直观

的观察概率变化趋势,代码如下:

```
In[3]:#计算下一次正面向上的比例

        df = pd.DataFrame({
                        '连续正面次数': list(count_num[:-1]),
                        '下一次仍为正面次数': list(count_num[1:])
                        },index=count_num[:-1].index)
        df['下一次正面概率'] = (df['下一次仍为正面次数'])/(df['连续正面次数'])
        #计算在连续 N 次正面向上后,第 N+1 次正面向上的比例。
        df.to_excel(r'……\1.3 赌徒谬误.xlsx') #将异常值导出为 excel 数据。


        #绘制下一次正面向上概率的折线图
        plt.figure(figsize=(20,12))
        plt.rcParams['axes.unicode_minus']=False #用来正常显示负号。
        sns.set(font_scale=2,font='SimHei',style='ticks') #设置字体大小、类型等。
        plt.plot( df.index,
                df['下一次正面概率'],
                color='black',
                linewidth=3,)#绘制折线图。
        plt.xticks(df.index)
        plt.xlabel('连续正面向上的次数',labelpad=10)     #设置 X 轴名称
        plt.ylabel('下 \n 一 \n 次 \n 正 \n 面 \n 向 \n 上 \n 的 \n 概 \n 率',
                rotation=360,
                labelpad=30,
                verticalalignment='center') #设置 Y 轴名称。
        plt.ylim(0,1.1)
        plt.show()
```

　　这里首先通过 pandas 库中数据处理的方法,获取了下一次仍然正面向上的概率分布表(见表 2-1)。由于在上一段程序中,我们已经获得了连续正面向上的次数,经过截取,便获得了"连续正面次数""下一次仍为正面次数"两列数据。由这两列数据,经过计算便可获得"下一次正面概率"列数据。在表 2-1 中,第二行表示连续 2 次正面向上的次数为 1 251 609 次,在这1 251 609 次中有 625 518 次在下一次仍然正面向上,由 625 518、1 251 609 计算出下一次仍然正面向上的概率为 0.499 8。

表 2-1　下一次正面向上概率分布表

	连续正面次数	下一次仍为正面次数	下一次正面概率
2	1 251 609	625 518	0.499 8
3	625 518	312 722	0.499 9
4	312 722	156 028	0.498 9
5	156 028	78 018	0.500 0
6	78 018	38 919	0.498 8
7	38 919	19 511	0.501 3
8	19 511	9 884	0.506 6
9	9 884	4 963	0.502 1
10	4 963	2 431	0.489 8

	连续正面次数	下一次仍为正面次数	下一次正面概率
11	2 431	1 245	0.512 1
12	1 245	641	0.514 9
13	641	315	0.491 4
14	315	174	0.552 4
15	174	94	0.540 2
16	94	38	0.404 3
17	38	18	0.473 7
18	18	10	0.555 6
19	10	5	0.500 0
20	5	5	1.000 0
21	5	1	0.200 0

为了更直观地观察数据的趋势,这里将表 2-1 中的"下一次正面概率"列的数据绘制成折线图如图 2-7 所示。可以看出在开始阶段,连续几次正面向上之后,下一次仍然正面向上的概率维持在 0.5 左右。但随着连续正面向上次数的增加,比如在连续 15 次正面向上之后,下一次正面向上的概率变的极不稳定,开始出现振荡。到最后,有 5 组出现了连续 21 次正面向上,其中只有 1 组出现了连续 22 次正面向上。

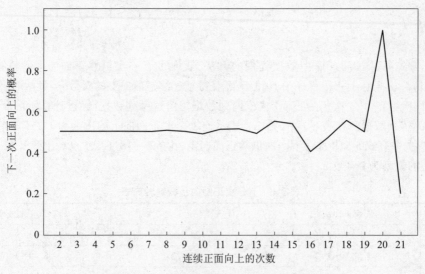

图 2-7　下一次正面向上的概率趋势图

通过本例的模拟试验,可以得出以下结论:

(1)在 1 000 万次抛掷硬币试验中,当 $N<15$ 时(这里的 15 也是约数),连续 N 次正面向上后,下一次仍然正面向上的概率维持在 0.5 左右。

(2)随着 N 的增加,出现连续 N 次正面向上的机会变小,下一次究竟是正是反,开始变得随机。例如,在出现 5 组连续 21 次正面向上的样本中,只有 1 组出现了连续 22 次正面向上的情况。

(3)在有限试验的情况下,好运终有消失的一刻。本例中,在出现了连续 22 次正面向上之后,没有再出现连续 23 次正面向上的情况。

2.2.3　误判相关因果

多读书会增加收入吗? 玩游戏会导致学习成绩变差吗? 吃了药,一周后病好了,能证明吃药是病好了的原因吗? 生活中我们总能看到一些事件,似乎是由于一件事导致了结果的产生,这能证明它们之间存在因果关系吗? 这就涉及本节因果与相关的问题,严格的因果推导是个较为复杂的问题,而在数据分析中,更常见的可能是相关分析。本节主要介绍相关分析的一些方法。

数学上一般使用相关系数来表示两个变量之间的相关程度,变量 x 和 y 之间常见的相关系数 r 可以用如下公式:

$$r = \frac{(x_1-\bar{x})(y_1-\bar{y}) + (x_2-\bar{x})(y_2-\bar{y}) + \cdots + (x_n-\bar{x})(y_n-\bar{y})}{\sqrt{(x_1-\bar{x})^2 + (x_2-\bar{x})^2 + \cdots + (x_n-\bar{x})^2}\sqrt{(y_1-\bar{y})^2 + (y_2-\bar{y})^2 + \cdots + (y_n-\bar{y})^2}}$$

其中,变量 $x=(x_1,x_2,\cdots,x_n)$,变量 $y=(y_1,y_2,\cdots,y_n)$,$\bar{x}$ 表示变量 x 的平均值,$\bar{y}$ 表示变量 y 的平均值。相关系数一般处于 -1 至 1 之间,越接近于 1,说明相关度越高。

接下来对读书时间与收入之间的关系进行分析,主要展示在 Python 数据分析中,计算变量间的相关系数,以及将其可视化显示的方法,代码如下:

```
In[1]:#相关分析

      import numpy as np
      import pandas as pd
      import matplotlib.pyplot as plt
      import seaborn as sns

      df = pd.DataFrame({'读书时间':[9,9,9,12,12,12,15,15,15,16,16,16,19,19,19,
                                 22,22,22],
         '月收入':[3 000,4 000,2 000,4 000,5 000,6 000,5 000,6 000,
              8 000,15 000,7 000,8 000,10 000,12 000,18 000,30 000,
              18 000,15 000]}) #模拟数据。
```

这里,笔者通过虚构的方式,编制了读书时间与月收入的关系表(见表 2-2),"读书时间"列中的 9 年对应初中毕业、12 年对应高中毕业、15 年对应大专毕业、16 年对应本科毕业、19 年对应硕士毕业和 22 年对应博士毕业。

表 2-2　读书时间与月收入关系表

	读书时间(年)	月收入(元)		读书时间(年)	月收入(元)
1	9	3 000	10	16	15 000
2	9	4 000	11	16	7 000
3	9	2 000	12	16	8 000
4	12	4 000	13	19	10 000
5	12	5 000	14	19	12 000
6	12	6 000	15	19	18 000
7	15	5 000	16	22	30 000
8	15	6 000	17	22	18 000
9	15	8 000	18	22	15 000

接下来通过散点图的方式,展示表2-2中"读书时间"与"月收入"之间的关系,代码如下:

```
In[2]:#绘制散点图

    plt.figure(figsize=(15,10))
    sns.set(font_scale=2,font='SimHei',style='ticks') #设置字体大小、字体等。
    plt.rcParams['axes.unicode_minus']=False #用来正常显示负号。
    plt.scatter(df['读书时间'], df['月收入'] ,s=15,c='black') #绘制散点图。
    plt.xlabel('读书时间',labelpad=10) #设置 X 轴名称
    plt.ylabel('月 \n 收 \n 入',rotation=0,labelpad=30) #设置 Y 轴名称。
    plt.show()
```

这里使用 plt.scatter()语句绘制了读书时间与月收入之间的散点图,如图 2-8 所示,虽然整个数据量并不多,但是依旧可以看出所有数据点似乎沿着一条直线分布。

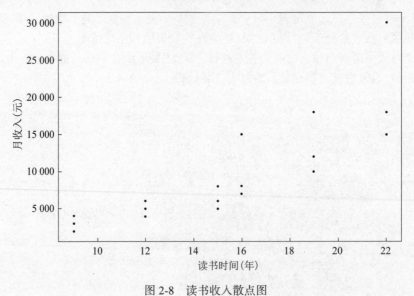

图 2-8   读书收入散点图

接下来计算"读书时间"与"月收入"之间的相关系数,并通过热力的进行展示,代码如下:

```
In[3]:#计算相关系数
    df_corr = df.corr() #调用相关系数计算函数。

    #绘制热力图
    plt.figure(figsize=(18,14))
    sns.set(font_scale=2,font='SimHei',style='white') #设置字体大小、字体等。
    sns.heatmap(df_corr,
            annot=True,
            fmt=".3f",
            cmap="gray_r",
            vmin = 0.8, #设置最小值。
            ) #绘制相关系数矩阵热力图。
    plt.yticks(rotation=0) #设置 y 轴刻度文字的方向。
    plt.show()
```

这里使用 df.corr()语句计算了数据集中各个字段之间的相关系数,并通过 sns.heatmap()语句实现了热力图展示如图 2-9 所示,可以看出"读书时间"与"月收入"之间的相关系数达到

了 0.833,说明两者之间较为相关。

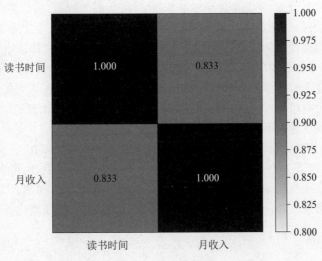

图 2-9　相关系数图

而在 DataFrame 中,如果想单独计算两列数据直接的相关系数,代码如下:

```
In[4]:df['读书时间'].corr(df['月收入'])

Out[4]:0.8328740639758204
```

至此,关于相关分析也已经完成。可以看出"读书时间"与"月收入"之间的相关系数达到了 0.833,说明两者之间较为相关。现在,让我们回到本节开始的问题,多读书会增加收入吗?也即读书是收入增加的原因吗?

这是一个复杂的问题,通过图 2-8 可以看出,随着读书时间的增加,收入的确在增长。但也许有人会提出疑问,对于那些读书时间较长的人,可能是他们本身就比较勤奋、聪明,即使他们读书不是很多,也可以取得较高的收入。也就是说,可能是自身的勤奋和聪明才智带来了更高的收入,而不是读书,读书时间与收入只是存在某种相关关系。而关于这一问题,我们将留在后面章节进行更加深入的探讨。

事实上,放在更宏观的视角,我们总能找到一些存在相关的事件,比如经济景气程度与口红的销量、城市的夜光强度与经济的繁荣程度、啤酒销量与已婚人口数量等,也许这些现象用相关解释更为恰当。同时读者也要认识到,这些基于历史数据的相关分析得出的结论,在某些极端情况下可能失效,比如,某电商平台通过分析,发现键盘和鼠标的销量存在正相关关系,假如某天鼠标销量突然暴增,是否就可以预测键盘销量将增加呢?这可能也需要根据实际情况加以判断。

2.2.4　忽略均值回归

运气是否会被用光?考试发挥失误接下来表现如何?这些问题就涉及均值回归的概念了,均值回归可以理解为,在出现异常值后,逐步向真实水平回归的现象。生活中可能存在一些案例:一次考试发挥失常的学生,在后续的考试中更倾向于发挥真实水平。在某一年投资业绩超群的金牌基金经理,可能在下一年的业绩变的平庸。拥有高智商的父母,子女的智商可能倾向于一般。

乍一看,均值回归似乎和赌徒谬误存在冲突,谬误告诉我们不好的运气不会增加好运的机会,均值回归又告诉我们厄运多了,接下来会向平均数回归,到底哪种正确呢?

按照作者的理解,首先,要看事件是不是独立事件,比如抛硬币,前后两次可以认为是独立事件,而对于学生的考试,前后两次我们可能就无法认为其是完全独立的事件。对于独立事件,可能就需要谨慎地使用用均值回归进行分析。其次,要结合大数定律,均值回归可能需要在更大的数据范畴内才会表现出来,比如对"名校大学毕业的父母,子女是否还能上名校?"问题的研究,可能就需要我们搜集大量样本进行统计观察,如果仅仅调查几对父母,可能会得出虎父无犬子的结论,也有可能看到"扶不起的阿斗"的情形。有兴趣的读者可以搜集相关数据,对该问题展开研究,在这里就不再展开了。

另一个案例则是基金经理的表现,当年表现出众的基金经理可能在下一年变的平庸,当年表现较差的基金经理下一年可能收益超群。基于这类均值回归现象,也可以制定出相应的量化交易策略:比如只买当年排名最后的 10 只基金,持有一定时间后卖出。关于这些思路是否正确,读者可能也需要抱着怀疑的态度,自己搜集数据加以验证,限于篇幅,这里不再展开。

2.2.5 谁在偷懒

假设一名老师给班上学生布置了一道作业:每人课下去抛掷 5 000 次硬币,并记录抛掷的结果。回到宿舍后,学生们纷纷讨论,这题目也太简单了吧,这种结果肯定是一半向上、一半向下。于是,"聪明"的学生,并没有"很听话"地去抛硬币,而是直接写出了结果:正反正反正正反……第二次上课,老师一眼便看出了哪些学生偷懒了,请问老师是怎么做到的呢?

原因就是,那些没有真正抛硬币的学生,给出的结果太理想了。事实上,连续抛掷 10 次硬币,恰好 5 正 5 反的概率是相当低的。而放到 5 000 次抛掷硬币中,很有可能出现连续 10 次正面向上(或者反面向上)的情况,而大多数学生给出的结果最多四五次连续正面(或反面)向上,老师正是通过这些过于完美的结果判断哪些学生偷懒了。

接下来通过程序模拟 10 000 人,每人连续抛掷 5 000 次硬币的结果,代码如下:

```
In[1]:模拟多人抛硬币试验

    import numpy as np
    import pandas as pd
    import matplotlib.pyplot as plt
    import seaborn as sns
    from matplotlib import font_manager
    from random import randint

    def coin(max_N):#定义抛掷硬币函数。
        '''
        max_N:抛掷次数。
        返回值:all_coin,抛掷硬币结果;up_num,正面向上次数。
        '''
        up=0
        all_coin=[]
        up_num = []
        for i in range(max_N):
            coin =randint(0,1)
            all_coin. append(coin) #将每次抛掷结果追加到 all_coin 中。
            if coin == 1:
                up = up+1 #统计正面向上次数
```

```
            else:
                up=0
            up_num.append(up)  #将连续正面向上次数追加到 up_num 中。
    return all_coin,up_num

people=10000
max_N=5000
max_continuous=[]
for i in range(people):#10 000 人的循环试验。
    result_coin = coin(max_N)#调用抛掷硬币函数。
    continuous = max(result_coin[1])
    #计算某人 5 000 次抛掷中,最大的连续正面向上的次数。
    max_continuous.append(continuous)
df = pd.DataFrame({'最大连续正面向上的次数': max_continuous})
```

这里首先定义了一个和 2.2.2 小节中相同的抛掷硬币函数 coin(),在输入抛掷次数之后,返回抛掷的结果(all_coin),和结果的统计情况(up_num),具体含义可以参照图 2-5 中的示意图。之后,通过 10 000 人,每人连续抛掷 5 000 次的循环试验,并求取每人最大的连续正面向上的次数,见表 2-3 中的第 2 行,序号为 0 表示第 0 个人,最大连续正面向上的次数为 10,表示该人在 5 000 次抛掷试验中,出现连续正面向上次数最多的情况是 10 次。

表 2-3　最大连续正面向上次数表

序号	最大连续正面向上的次数	序号	最大连续正面向上的次数
0	10	9	13
1	11	10	11
2	11	⋮	⋮
3	12	9 995	11
4	12	9 996	13
5	9	9 997	10
6	10	9 998	11
7	12	9 999	11
8	13		

接下来对表 2-3 中的"最大连续正面向上的次数"列数据进行统计,并用柱状图进行展示,以直观的观察数据的分布情况,代码如下:

```
In[2]:#绘制柱状图
    plt.figure(figsize=(20,12))
    plt.rcParams['axes.unicode_minus']=False #用来正常显示负号。
    sns.set(font_scale=2,font='SimHei',style='ticks') #设置字体大小、类型等。
    max_up = df['最大连续正面向上的次数'].value_counts()
    x = max_up.index #x 轴数据。
    y = max_up       #y 轴数据。
    plt.bar(x,y,width=0.5,color='black')#绘制柱状图。
    for a, b in zip(x, y):#柱状图上添加数据标签。
        plt.text(a, b, b, ha='center', va='bottom', fontsize=14)
    plt.xticks(x)
    plt.xlabel('最大连续正面向上的次数',labelpad=10) #设置 X 轴名称.
    plt.ylabel('人 \n 数',rotation=0,labelpad=30) #设置 Y 轴名称。
    plt.show()
```

　　这里主要通过 value_counts() 函数,实现了对"最大连续正面向上的次数"列数据的统计,并用柱状图进行展示如图 2-10 所示。在图中左边第一条柱体表示在参加试验的 10 000 名试验者中,有 78 人最大连续正面向上的次数为 8 次。最右边的柱体高度为 2,表示参加试验的 10 000 名试验者中,只有 2 人抛出了连续 24 次正面向上的结果。总体来看,在这 10 000 名试验者中,所有人都出现了连续 8 次正面以上的结果,最大出现了连续 24 次正面向上的结果。

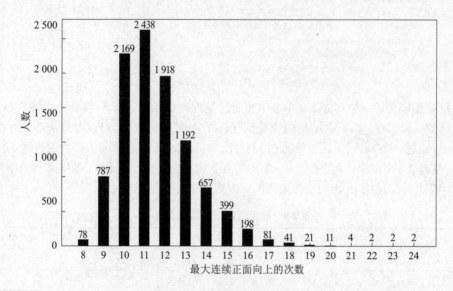

图 2-10　抛掷结果分布图

　　接下来,将统计出连续 N 次正面向上的比例,直观地观察抛掷的结果,代码如下:

```
In[3]:#统计出连续N次正面向上的概率
    pro=[]
    num=[]
    for i in range(1, max(max_continuous)+1):
        a = df[df['最大连续正面向上的次数']>=i]    #筛选出大于等于i的数字。
        b = len(a)/people
        #计算出大于等于i的比例(相当于连续i次正面向上的概率)。
        pro.append(b)                              #追加到pro中。
        num.append(i)


    #绘制曲线图
    plt.figure(figsize=(20,12))
    plt.rcParams['axes.unicode_minus']=False       #用来正常显示负号。
    sns.set(font_scale=2,font='SimHei',style='ticks')  #设置字体大小、类型等。
    plt.plot(num,pro,color='black',linewidth=3)    #绘制折线图。
    plt.scatter(num,pro,s=40,c='black')            #绘制散点图。
    for a, b in zip(num,pro):                      #将相应比例标注在图中。
        plt.text(a+0.5, b+0.01, b, ha='center', va='bottom', fontsize=14)
    plt.xticks(num)
    plt.xlabel('连续正面向上的次数',labelpad=10)    #设置X轴名称
    plt.ylabel('比 \n 例',rotation=360,labelpad=30)  #设置Y轴名称。
    plt.show()
```

这里通过筛选表 2-3 中大于某值的数据,进而计算出其占总体的比例,也即计算出了抛掷连续 N 次正面以上的概率,最终获取的结果如图 2-11 所示。在图中可以看出,在这 10 000 名抛掷试验者中,出现连续 8 次正面向上的概率几乎达到 100%,出现连续 9 次正面向上的概率达到 99.22%,连续 10 次 91.35%,连续 11 次 69.66%,之后的概率迅速下降。

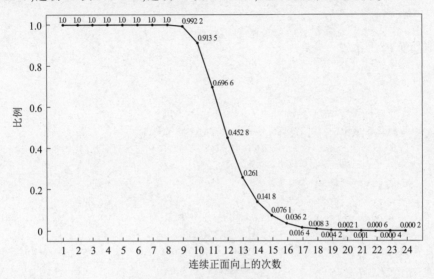

图 2-11　抛掷结果概率图

现在,让我们回到本小节开始的问题:哪些学生偷懒了呢? 通过图 2-11 可以看出,在 5 000 次抛掷试验中,可能至少会出现连续 8 次正面向上的结果,因此那些抛出了"正反正反正正反……",这种连续正(反)面向上次数过少的学生可能偷懒了。

2.2.6　蒙提·霍尔悖论

统计学中经常会出现一些富有争议的问题,比如本小节说的蒙提·霍尔悖论。蒙提·霍尔悖论又称蒙提·霍尔问题、三门问题等,说的是在一档电视节目中,嘉宾可以从如图 2-12 所示的三扇门中随机选择一扇,接着主持人蒙提·霍尔会为其排除一扇门后为"羊"的选项,之后问嘉宾是否要改变最初的选项。这个时候,嘉宾要如何抉择最有可能中大奖呢?

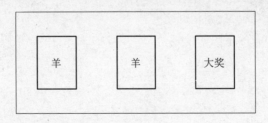

图 2-12　蒙提·霍尔悖论

这时,问题便产生了争议,有人认为应该改变最初的选择,不改变的话中奖的概率为 1/3,改变后获奖概率提升为 2/3。还有一种观点是无所谓,其认为换与不换都相当于从剩下的两扇门中 2 选 1,概率都是 1/2。

事实情况到底是什么样子呢? 这里作者不打算通过数学推导来证明,而是通过 10 万次的模拟试验,来统计两种选择的获奖概率,代码如下:

```python
#蒙提霍尔悖论模拟试验

import random
import matplotlib.pyplot as plt
import seaborn as sns


N = 100000 #试验次数。
change_no = 0 #不改变选择获奖的初始值。
change_yes = 0
for i in range(N):
    gate=[1,2,3]#为每扇门编号。
    prize = random.randint(1,3)#模拟奖品(小汽车)随机放置的门号。
    a_choice = random.randint(1,3)#模拟参与者随机选择的门号。
    host_pass = True    #设置循环的初始条件。
    while host_pass:#模拟主持人选择的过程。
        host_choice = random.randint(1,3)
        if host_choice ! = prize and host_choice ! = a_choice:
        #主持人不能选奖品,也不能选择参与者选择的选项。
            host_pass = False    #循环终止条件。
    gate.remove(host_choice) #移除主持人的选项。
    if a_choice == prize: #参与者不改变选择,获奖的情况。
        change_no = change_no + 1
    gate.remove(a_choice) #参与者改变选择,这时只剩下一扇门。
    if gate[0] == prize:  #剩下最后一扇门,获奖的情况。
        change_yes = change_yes + 1


#绘制柱状图
plt.figure(figsize=(15,10))
plt.rcParams['axes.unicode_minus']=False #用来正常显示负号。
sns.set(font_scale=2,font='SimHei',style='ticks') #设置字体大小、类型等。
x = ['坚持','改变']              #x轴数据。
y = [change_no/N,change_yes/N]#y轴数据。
plt.bar(x,y,width=0.15,color='black') #绘制柱状图。
for a, b in zip(x, y):#柱状图上添加数据标签。
    plt.text(a, b+0.005, b, ha='center', va='bottom', fontsize=20)
plt.xticks(x)
plt.ylabel('获 \n 奖 \n 概 \n 率',rotation=0,labelpad=30) #设置Y轴名称。
plt.xlim(-0.8,1.8) #控制X轴刻度的范围。
plt.ylim(0,1)
plt.show()
```

　　本段程序中,通过 10 万次的循环,在每一次中,首先,通过 random.randint(1,3)语句模拟奖品随机放置的位置,以及参与者随机选择门的位置;接着,通过 while 循环,模拟主持人排除的选项(主持人不能选奖品,也不能和参与者的选项相同);之后,统计了改变和坚持两种选择对应的获奖次数。最后,通过柱状图展示了坚持和改变获奖的比例图如图 2-13 所示,可以看出在10 万次试验中,坚持原来的选择获奖的比例为 0.336 09,改变的话获奖比例为 0.663 91。因此如果您认同概率的理念,做出改变不失为一个明智的选择,但如果认为自己运气非常好,在单次试验中,坚持不改变也有可能得到运气的眷顾。

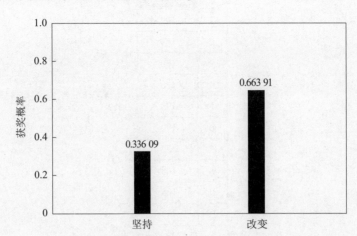

图 2-13 蒙提·霍尔悖论试验结果图

2.2.7 黑天鹅事件

人们习惯通过归纳、总结来掌握相关规律,进而用于预测未来。这在正常情况下,可以帮助我们快速的认识世界,但也要清醒地认识到,生活中总会出现那些小概率的黑天鹅事件。基于股票历史信息对未来价格的预测,也很容易碰到黑天鹅事件,比如基于趋势跟随的交易策略,在遇到突变行情时,也极易带来重大损失。

在数据分析中,通过对数据进行统计分析,总结出规律,进而指导我们的行动。在机器学习中,通过对历史数据挖掘,训练出模型,进而预测相关事件。然而这种通过历史数据分析得出的结论,以及训练出来的模型,在面临前所未知的数据时,模型便有可能会失效。黑天鹅事件提醒我们,那些难以预测的小概率事件,同样值得我们关注。

2.3 数据呈现阶段

无论是广告宣传,还是统计报告,我们会遇到各种各样看似精确的数字,但是也要认识到,这些数字都是精挑细选后呈现的结果,只要稍微改变一些说法、更换一下统计维度,便可以制造出截然相反的结果。

2.3.1 选择性呈现

数字充斥着我们生活的方方面面,最常见的混淆概念的做法便是均值与中位数,这里用身高的示例进行解释,假设我们获取了 10 名男性的身高数据,如图 2-14 所示。其中均值与中位数的计算方法,即平均值:$\overline{X} = \frac{1}{n}\sum_{i=1}^{n}X_i = \frac{x_1 + x_2 + \cdots x_n}{n} = 175.0$;中位数:$\frac{x_5 + x_6}{2} = \frac{175 + 172}{2} =$ 173.5(本例中 $n = 10$,为偶数,中位数为中间两数平均值)。在男性身高这一案例中,均值与中位数差距并不明显。然而生活中有些场景,这两个概念计算出的结果差别可能会非常大,比如对收入的计算,普通人和世界首富的平均,可能显著高于大部分人,这时候中位数可能更能反映群体的真实收入。

序号	身高(cm)
1	192
2	185
3	180
4	178
5	175
6	172
7	172
8	168
9	165
10	163

图 2-14   身高数据示意图

生活中还有很多选择性呈现的案例,借贷平台上用"万元日息仅 2 元"来吸引用户,听着利息似乎很低,也就是日利率 0.02%,但是换算成年利率则是 7.3%,这还是普遍高于当前大型银行的消费贷利率。

在某楼盘开盘的宣传报道中,如果想表达房价贵,可以用均价每平方米 8.2 万元来表示,而如果想表达价格相对便宜,又可以用单价约每平方米 7.74 万元来表示房屋价格。×××税从售价的 2% 提升到 3%,其实只增加了 1 个百分点,但如果想表达大幅增加,可以说成增加了50%。如果想展现国民收入较高可以选择用平均值,而如果想展示贫富差距则可以选择中位数或者众数。

这些案例都提醒我们,在看到某些报道中的数据时,要多留心这些数字的"把戏"。

均值与中位数的代码如下:

```
#均值、中位数示意图

import numpy as np
import pandas as pd
import matplotlib.pyplot as plt
import seaborn as sns

df = pd.DataFrame({
                '序号':[1, 2, 3, 4, 5, 6, 7,8, 9,10],
                '身高(cm)':[192, 185, 180, 178, 175, 172, 172,168, 165,163]
                })#模拟数据。

#绘制图表
with plt.xkcd():#绘制漫画风格图表。
    plt.figure(figsize=(3,8))
    plt.rcParams['axes.unicode_minus']=False #用来正常显示负号。
    sns.set(font_scale=1.5,font='KaiTi',style='white') #设置字体大小、类型等。
    plt.table(
                cellText=df.values,
                colLabels=df.columns,
```

```
                bbox=[0, 0, 1, 1],
                cellLoc='center', #表格中文字对齐方式(这里设置为居中)。
                colColours=['silver','dimgrey'], #设置表格头背景颜色。
                colWidths=[0.4,0.8] #表格宽度。
                ) #绘制表格。
    plt.text(2, 0.9, r"平均值: $ \bar{x} = \frac{1}{n} \sum_{i=1}^{n}x_{i} =
            \frac{x_{1}+x_{2}+\dots +x_{n}}{n}= $"+str(df['身高(cm)'].mean()),
            fontsize=20) #绘制文本。
    plt.annotate(r"中位数: $ \frac{x_{5}+x_{6}}{2} =\frac{175+172}{2}= $ "+
                str(df['身高(cm)'].median())+' \n(本例中 n=10,为偶数,中位数为
                                     中间两数的平均值)', #文本内容
                xy=(1,0.45),       #注释点所在位置。
                xytext=(2, 0.45), #文本所在位置。
                fontsize=20,
                arrowprops=dict(arrowstyle="->",
                                connectionstyle='arc3,rad=0.1',
                                color='black',
                                lw=2)) #注释和文本的连接方式。
plt.axis('off')
plt.show()
```

在本段程序中,首先使用 plt.xkcd() 语句绘制了漫画风格的图表,再使用 plt.table() 语句绘制了表格图片,然后使用 plt.text() 语句插入了文本,最后使用 plt.annotate() 语句绘制了箭头等标识。这其中关于公式的插入,可能需要查询 LaTex 中公式的编写规则,经过不断尝试,找到合适的方法。

2.3.2　辛普森悖论

下面用一个例子引入辛普森悖论相关概念,某大学收到投诉,说其在招生中歧视女性,于是该大学找来了各个学院的招生数据(表 2-4 中的数据为作者编写,只包含了两个学院的数据)。结果发现,总体来看女性的录取率(35%)的确要低于男性的录取率(47%),但是从各个学院的录取率来看,女性都要高于男性的录取率。

这种在各个分项均占优势,但在总体上却表现出劣势的现象可视为辛普森悖论。对于大学录取率的问题,可能是由于男生大多选择了计算机学院,而女生大多选择了外国语学院。

表 2-4　某大学录取率情况表

	男性		女性	
	申请人数	录取率	申请人数	录取率
计算机学院	90	50%	10	80%
外国语学院	10	20%	90	30%
总计	100	47%	100	35%

关于辛普森悖论,生活中还有一些其他案例,比如对某种疾病的治疗,无论对于轻症和重症,方案 B 的康复率都要高于方案 A,但总体来看,方案 A 却要高于方案 B(见表 2-5)。造成该现象的原因可能是方案 A 治疗了较多容易康复的轻症患者。

所以，站在医院的角度，如果要推荐方案 A，可以宣传总体的康复率，如果想要推荐方案 B，就可以分别展示轻症、重症的康复率。而站在病人家属的角度，可能就需要全盘分析，谨慎选择。

表 2-5　疾病治理情况表

	方案 A		方案 B	
	治疗人数	康复率	治疗人数	康复率
轻症	90	50%	10	80%
重症	10	20%	90	30%
总计	100	47%	100	35%

这里还有一则案例，在经济萧条时期，每个人的收入都有所减少，但在统计相应区间的平均收入时反而增加了，这是什么原因呢？下面就用 Python 模拟该问题，代码如下：

```python
#辛普森悖论模拟试验

import numpy as np
import pandas as pd
import matplotlib.pyplot as plt
import seaborn as sns
from matplotlib import font_manager
from random import randint

income = [50000,50000,10000,10000,10000,10000,10000,10000,10000,10000,
          5000,5000,5000,5000,5000,5000,5000,5000,5000,5000,
          3000,3000,3000,3000,3000,3000,3000,3000,3000,3000,
          3000,3000,3000,3000,3000,3000,3000,3000,3000,3000,
          3000,3000,3000,3000,3000,3000,3000,3000,3000,3000,
          2800,2800,2800,2800,2800,2800,2800,2800,2800,2800,
          2000,2000,2000,2000,2000,2000,2000,2000,2000,2000,
          2000,2000,2000,2000,2000,2000,2000,2000,2000,2000,
          2000,2000,2000,2000,2000,2000,2000,2000,2000,2000,
          2000,2000,2000,2000,2000,2000,2000,2000,2000,2000]#模拟收入数据。
df = pd.DataFrame({'原平均收入':income})
bin_df = pd.cut(df['原平均收入'],bins=[0,3000,10000,float('inf')],right=False)
#切分成相应的收入区间。
df['收入区间'] = bin_df.values          #每个收入对应相应收入区间。
df_mean = df.groupby('收入区间').mean() #计算每个收入区间内的平均值。
df_mean['原该区间人数'] = bin_df.value_counts() #计算每个收入区间的人数。

df1 = df[['原平均收入']]* 0.95   #每个人收入减少5%。
df_decrease = df1.rename(columns={'原平均收入':'降薪后的平均收入'})
#重命名列名称。
bin_df_decrease = pd.cut(df_decrease['降薪后的平均收入'],
                         bins=[0,3000,10000,float('inf')],
                         right=False)
df_decrease['收入区间'] = bin_df_decrease.values
```

```
df_decrease_mean = df_decrease.groupby('收入区间').mean()
df_decrease_mean['降薪后该区间人数'] = bin_df_decrease.value_counts()
#统计每个区间的人数。
df2 = pd.concat([df_mean,df_decrease_mean],axis=1) #数据合并。

#绘制柱状图
plt.rcParams['axes.unicode_minus']=False #用来正常显示负号。
sns.set(font_scale=2,font='SimHei',style='ticks') #设置字体大小、类型等。
df2[['原平均收入','降薪后的平均收入']].plot(kind='bar',
                                       figsize=(15,10),
                                       color=['gray','black'])
plt.xlabel('收入区间',labelpad=30) #设置 X 轴名称。
plt.ylabel('平 \n 均 \n 收 \n 入',rotation=0,labelpad=30) #设置 Y 轴名称。
plt.xticks(rotation=0)
plt.show()
```

首先编写一份 100 人的月收入数据，人群中大部分人都处于 2 000 至 10 000 美元，但是存在两个月收入 50 000 美元的高收入者。接着，使用 pd. cut()语句，将收入数据集分成[0.0，3 000.0)、[3 000.0，10 000.0)、[10 000.0，inf)三个区间。最后，通过计算，得到降薪前后各区间内的平均收入及人数对比表见表 2-6。

表 2-6　降薪前后各区间收入及人数对比表

收入区间	原平均收入	原该区间人数	降薪后的平均收入	降薪后该区间人数
[0.0，3 000.0)	2 160	50	235 125	80
[3 000.0，10 000.0)	3 500	40	686 111	18
[10 000.0，inf)	18 000	10	47 500	2

为了更直观地观察降薪前后各区间的收入变化，这里用柱状图如图 2-15 所示。可以看出，结果出现了奇怪的现象，明明每个人的收入都减少了 5% ，但是各个区间的统计平均收入却都增加了。

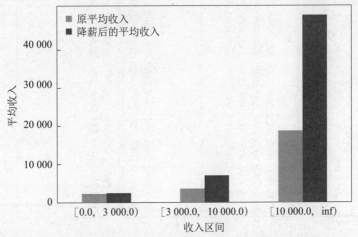

图 2-15　降薪前后各区间收入对比图

现在让我们回到本节开始的问题，为什么每个人的收入都有所减少，但相应区间的平均收入反而增加了呢? 通过图 2-16 所示可以看出，当每个人收入减少 5% 时，上一区间的高收入者

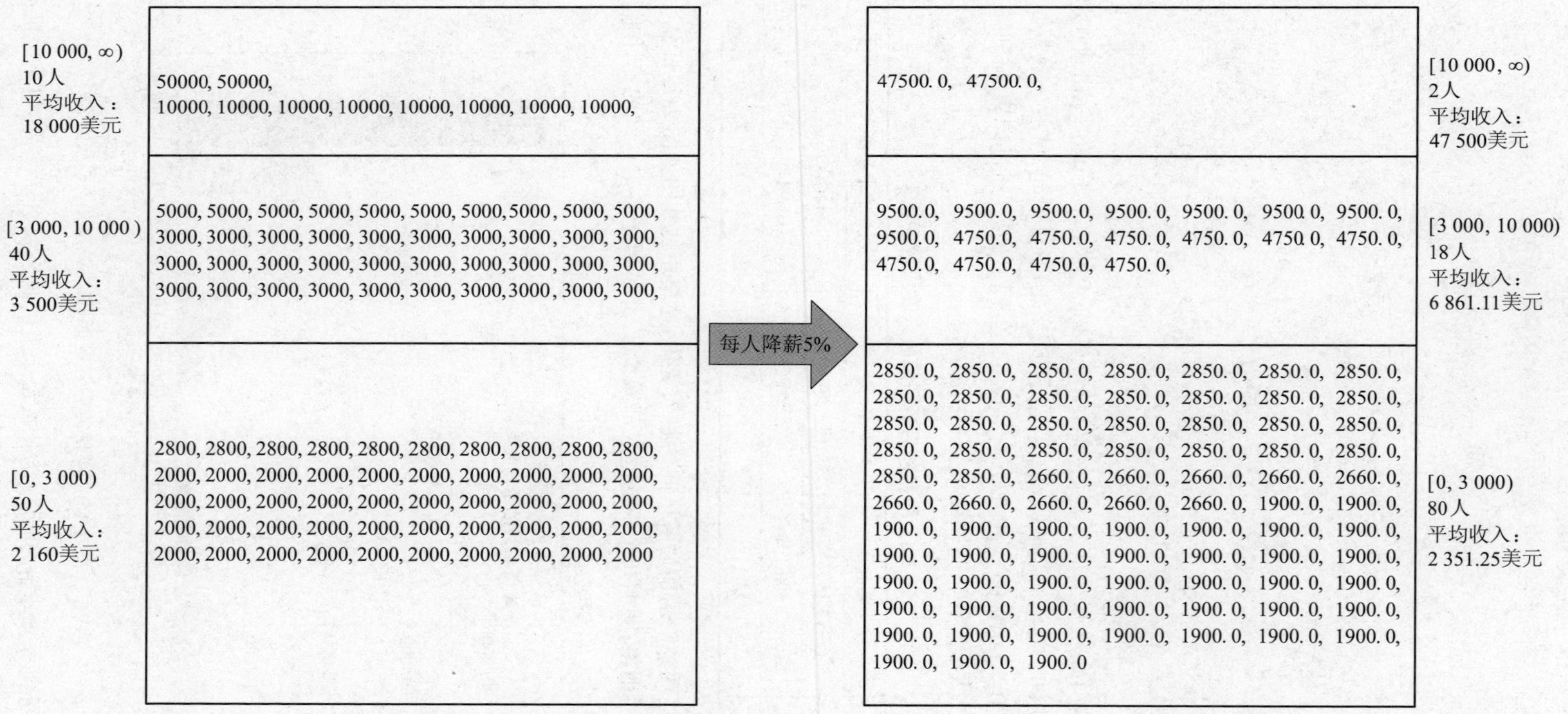

[10 000, ∞)
10人
平均收入：18 000美元

50000, 50000,
10000, 10000, 10000, 10000, 10000, 10000,

[3 000, 10 000)
40人
平均收入：3 500美元

5000, 5000, 5000, 5000, 5000, 5000, 5000,
3000, 3000, 3000, 3000, 3000, 3000, 3000, 3000,
3000, 3000, 3000, 3000, 3000, 3000, 3000,

[0, 3 000)
50人
平均收入：2 160美元

2800, 2800, 2800, 2800, 2800, 2800, 2800, 2800,
2000, 2000, 2000, 2000, 2000, 2000, 2000, 2000,
2000, 2000, 2000, 2000, 2000, 2000, 2000, 2000,
2000, 2000, 2000, 2000, 2000, 2000, 2000

每人降薪5%

[10 000, ∞)
2人
平均收入：47 500美元

47500.0, 47500.0,

[3 000, 10 000)
18人
平均收入：6 861.11美元

9500.0, 9500.0, 9500.0, 9500.0, 9500.0, 9500.0,
4750.0, 4750.0, 4750.0, 4750.0, 4750.0,
4750.0, 4750.0,

[0, 3 000)
80人
平均收入：2 351.25美元

2850.0, 2850.0, 2850.0, 2850.0, 2850.0,
2850.0, 2850.0, 2850.0, 2850.0, 2850.0,
2850.0, 2850.0, 2850.0, 2850.0, 2850.0,
2850.0, 2850.0, 2850.0, 2850.0, 2850.0,
2850.0, 2660.0, 2660.0, 2660.0, 2660.0,
2660.0, 2660.0, 1900.0, 1900.0, 1900.0,
1900.0, 1900.0, 1900.0, 1900.0, 1900.0,
1900.0, 1900.0, 1900.0, 1900.0, 1900.0,
1900.0, 1900.0, 1900.0

图 2-16 辛普森悖论示意图

滑落到下一区间,对下一区间进行了补充,这在计算平均收入时便会拉高下一区间的平均值。这里需要注意,案例中的数据是作者编制的,也就是说数据分布要符合一定的规律才有可能出现该现象。

辛普森悖论向我们展示了,即使数据分析过程完全没有问题,但数据展示者也可以按照自己的意愿呈现出截然相反的结果。

2.3.3　用图表改变数据

常见的用图表改变数据的案例包括改变坐标轴的刻度等,比如在折线图中,变换坐标轴的刻度范围,便可以制造出大幅增加的假象。下面就用 Python 绘制折线图进行说明,代码如下:

```
#改变刻度对图表的影响

import numpy as np
import pandas as pd
import matplotlib.pyplot as plt
import seaborn as sns


df = pd.DataFrame({'年份':['2017','2018','2019','2020','2021'],
                   '增长率':[0.05,0.0501,0.0505,0.0507,0.051]})#增长率模拟数据。
X=df['年份']    #X 轴数据。
Y=df['增长率'] #Y 轴数据。


#绘制图表
plt.figure(figsize=(20,20))
sns.set(font_scale=2,font='SimHei',style='ticks') #设置字体大小、字体等。
plt.rcParams['axes.unicode_minus']=False#用来正常显示负号。
plt.subplots_adjust(wspace=0.4, hspace=0.3)#调整各子图间的间距。

plt.subplot(2,2,1) #绘制子图 1。
plt.plot(X,Y,'black',lw=2) #绘制折线图。
plt.scatter(X,Y,s=15,c='black') #绘制样本散点图。
plt.ylim(0,0.1) #控制 Y 轴刻度范围。
plt.xlabel('年份') #设置 X 轴名称。
plt.ylabel('增 \n 长 \n 率',rotation=0,labelpad=30) #设置 Y 轴名称。
plt.title("Y 轴刻度从 0 开始") #设置子图标题。

plt.subplot(2,2,2) #绘制子图 2。
plt.plot(X,Y,'black',lw=2) #绘制折线图。
plt.scatter(X,Y,s=15,c='black') #绘制样本散点图。
plt.ylim(0.0499,0.0511) #改变 Y 轴刻度范围。
plt.xlabel('年份') #设置 X 轴名称。
plt.ylabel('增 \n 长 \n 率',rotation=0,labelpad=30) #设置 Y 轴名称。
plt.title("改变 Y 轴刻度范围") #设置子图标题。

plt.subplot(2,2,3) #绘制子图 3。
plt.plot(X,Y,'black',lw=2) #绘制折线图。
plt.scatter(X,Y,s=15,c='black') #绘制样本散点图。
plt.ylim(0.0499,0.0511) #改变 Y 轴刻度范围。
plt.title("隐藏 Y 轴具体刻度") #设置子图标题。
```

```
plt.yticks([]) #隐藏 Y 轴具体刻度。

plt.subplot(2,2,4) #绘制子图 4。
plt.plot( X,Y,'black',lw=2,label='拟合的"S 形曲线"') #绘制折线图。
plt.bar(X,Y,width=0.35, color='black') #绘制柱状图。
plt.ylim(0.0499,0.0511) #改变 Y 轴刻度范围。
plt.title("添加柱状图") #设置子图标题。
plt.yticks([]) #隐藏 Y 轴具体刻度。
plt.show()
```

这里编写了一份 2017 年至 2021 年间增长率的数据,每年的增长率基本维持在 0.05 左右 (如图 2-17(a))。接着,使用 plt.ylim(0.049 9,0.051 1)语句,控制了 y 轴刻度的范围,使得 y 轴刻度从 0.049 9 开始,便制造了增长率大幅增加的假象(如图 2-17(b))。为了更具有迷惑性,还可以使用 plt.yticks([])语句,将 y 轴的刻度隐藏(如图 2-17(c))。最后还可以添加其他类型图表作为对照(如图 2-17(d))。

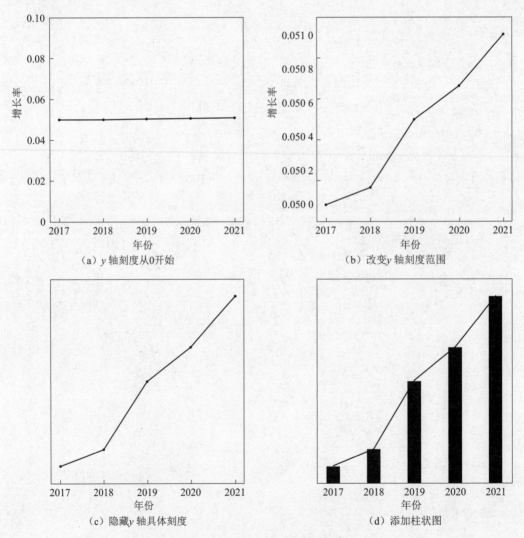

图 2-17 改变 y 轴刻度对比图

通过图 2-17 可以看出,改变 y 轴刻度的范围,便可以将原本变化不大的数据,制造出大幅增长的假象。此外,类似做法还有,将一维数据变成二维,虽然一维上只变为原来的 2 倍,但在二维中却变成 2 的平方,视觉上也就达到了扩大 4 倍的效果,比如在对收入增长的展示中,收入从 1 000 美元增加到 2 000 美元,虽然收入只变为原来的 2 倍,但如果用图 2-18 中的平面图展示,图中面积却变成原来的 4 倍,即营造出了一种收入大幅增长的假象,如果想要对比更加明显,还可以尝试三维图像。

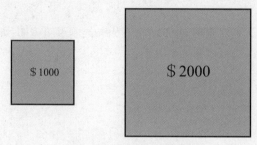

图 2-18　二维平面图对比

2.4　数据建模中的常见问题

前文我们重点讲述了在统计分析中,可能遇到的一些问题。接下来将介绍几种在数据建模中可能遇到的问题。

2.4.1　忽略异常值

异常值可能是由于笔误、测量误差或者意外等原因造成的,如果不进行校正或者忽略,可能会扭曲数据。但有些时候,异常值同样重要,简单的忽略异常值可能会产生一定的误导。比如在对收入统计的案例中,如果将那些巨富的收入当作异常值,并进行忽略,可能会得出所有人收入差距不大的假象。

关于异常值的分析,比较直观的展现方式有箱型图、小提琴图、直方图等。下面通过箱型图展示异常值的分布情况,代码如下:

```python
#利用箱型图展示异常值

import numpy as np
import matplotlib.pyplot as plt
import seaborn as sns

data=[-56,-45,-30,-25,-25,-20,-10,10]#模拟数据。

#绘制箱型图
plt.figure(figsize=(6,10)) #设置图形尺寸大小。
plt.rcParams['axes.unicode_minus']=False #用来正常显示负号。
sns.set(font_scale=1.5,font='SimHei',style='ticks') #设置字体大小、类型等。

plt.boxplot(data,
            patch_artist=True, #用自定义颜色填充箱型图,默认白色填充。
            boxprops = {"facecolor":"white"}, #设置箱体填充色等参数。
            flierprops = {"marker":"o",
```

```
                            "markerfacecolor":"white",
                            "color":"black"},  #设置异常值的形状、填充色等参数。
              medianprops = {"linestyle":"--","color":"black"}
              #设置中位数参考线的类型、颜色等参数。
              )
plt.xticks([])
plt.xlabel("data", labelpad=10) #设置 X 轴名称。
plt.show()
```

这里编写了一组数据,接着使用 plt. boxplot()语句绘制了箱型图,如图 2-19 所示,图中的圆圈即为离群值,在某些情况也可以视为异常值。

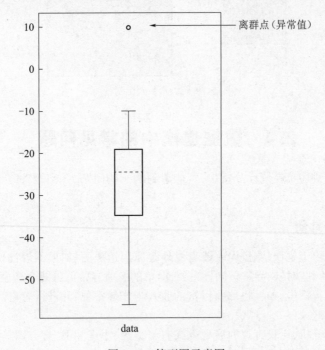

图 2-19　箱型图示意图

在机器学习中,可能会对异常值直接进行删除处理,这在一定程度上可以将问题简化,但也同样面临一定的隐患,可能导致模型在新的数据集上表现不尽人意。

2.4.2　过拟合与欠拟合

在机器学习中,经常遇到训练集、测试集、泛化能力差等概念。这里不再使用具体概念进行解释,而是使用考试的例子来类比,训练数据集可以理解为学生平时训练的题目,测试数据集可以理解为真实的考试题目。欠拟合则是指平时做了很多练习题,但没掌握规律,在平时训练和考试都不会做的现象。过拟合则是只会死记硬背,平时训练表现得不错,但在考试中却不会做的现象。

以下程序形象地展现了欠拟合和过拟合的含义,代码如下:

```
#多项式拟合

import numpy as np
import pandas as pd
```

```
import matplotlib.pyplot as plt
import seaborn as sns

x = np.array([0.0,0.5,1.0,2.0,3.0,4.0,5.0,6.0,4.5,-1,5.5]) #模拟数据。
y = np.array([5.0,5.0,4.1,3.2,2.5,3.6,5.1,6.7,3.5, 8,6.0]) #模拟数据。

plt.figure(figsize=(20,20))
sns.set(font_scale=2,font='SimHei',style='ticks') #设置字体大小、字体等。
plt.rcParams['axes.unicode_minus']=False #用来正常显示负号。
plt.subplots_adjust(wspace =0.2, hspace =0.3) #调整各子图间的间距。

plt.subplot(2,2,1) #绘制子图 1。
plt.scatter(x,y,
            marker='o',
            edgecolors='black',
            s=50,linewidth=2,
            facecolors='none',
            label='样本点') #绘制样本点。
plt.title("样本数据") #设置子图标题。
plt.legend()

plt.subplot(2,2,2) #绘制子图 2。
plt.scatter(x,y,
            marker='o',
            edgecolors='black',
            s=50,
            linewidth=2,
            facecolors='none')
p1 = np.poly1d(np.polyfit(x, y,1))
xp = np.linspace(-1.1, 6.1, 100)
plt.plot(xp, p1(xp), 'black',label='1 阶线性拟合') #绘制 1 阶线性拟合曲线。
plt.title("欠拟合") #设置子图标题。
plt.legend()

plt.subplot(2,2,3) #绘制子图 3。
plt.scatter(x,y,
            marker='o',
            edgecolors='black',
            s=50,
            linewidth=2,
            facecolors='none')
p2 = np.poly1d(np.polyfit(x, y,2))
plt.plot(xp, p2(xp), 'black',label='2 阶多项式拟合') #绘制 2 阶拟合曲线。
plt.title("较合适的拟合") #设置子图标题。
plt.legend()

plt.subplot(2,2,4) #绘制子图 4。
plt.scatter(x,y,
```

```
                marker='o',
                edgecolors='black',
                s=50,
                linewidth=2,
                facecolors='none')
p15 = np.poly1d(np.polyfit(x, y,15))
plt.plot(xp, p15(xp),'black',label='15阶多项式拟合') #绘制15阶拟合曲线。
plt.title("过拟合") #设置子图标题。
plt.legend()
plt.show()
```

这里，首先编写了一组虚拟数据之后，使用 np. polyfit(x, y, n) 和 np. poly1d() 两条语句，分别实现了数据在 1 阶、2 阶、15 阶上的函数拟合，结果如图 2-20 所示。

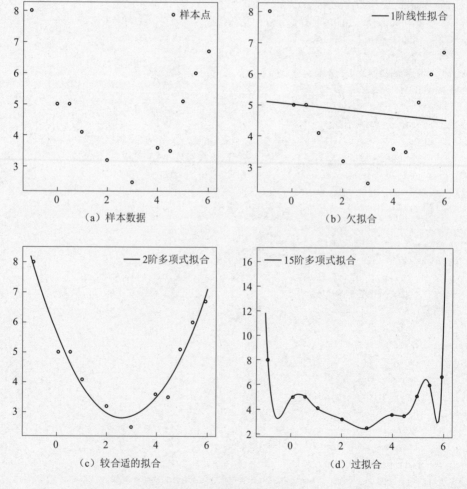

图 2-20　数据拟合示意图

可以看出，1 阶函数拟合有很多样本点偏离拟合曲线，也即存在欠拟合现象；2 阶拟合相对较好；在 15 阶拟合中，曲线几乎完美的覆盖了所有样本点，但这也存在过拟合的风险。如何应对过拟合，可以通过增加数据量、正则化等方法进行优化。

2.4.3 如何应对数据量不足

在 2.1.1 节中,用抛硬币的案例展现了数据量不足可能出现的结果。在机器学习中,也经常面临数据量不足的问题,如何增加数据量也存在多种方法。接下来将重点展示在图片分类过程中,如何应对图片数据不足的方法。

在常用的深度学习库 Keras 中,提供了 ImageDataGenerator 类,用来实现对图片数据的增强。在不增加外部数据的情况下,通过对已有图片进行旋转、缩放、白化等操作,可以在一定程度上增加图片数据的多样性。下面用一张图片,展示图片增强后的效果,代码如下:

```
#图片增强

import matplotlib.pyplot as plt
import cv2
from tensorflow.keras.preprocessing.image import ImageDataGenerator
from tensorflow.keras.preprocessing import image


datagen = ImageDataGenerator(
                            featurewise_center=True,
                            featurewise_std_normalization=True,
                            rotation_range=40,#旋转,随机旋转的度数范围。
                            width_shift_range=0.2,
                            height_shift_range=0.2,
                            shear_range=0.2, #错切变换的角度。
                            zoom_range=0.2,#随机缩放图像。
                            horizontal_flip=True,#翻转图像。
                            zca_whitening=True, #白化。
                        ) #图片增强。

img = cv2.imread(r'……\bottle.jpg')
#使用 OpenCV 库读取一张图片,建议图片存放路径及图片名称不要出现中文,这里省略了图片具体存放路径。
img_new = image.img_to_array(img) #将图像转换为数组。
img_new = img_new.reshape((1,) + img_new.shape) #改变数组形状。

#显示图片
plt.figure(figsize=(16,10))
plt.subplots_adjust(wspace=0.01, hspace=0.1)  #调整各子图间间距。
i=1
for batch indatagen.flow(img_new,batch_size=1):
    plt.subplot(2,4,i)
    plt.imshow(image.array_to_img(batch[0]))
    plt.axis("off") #不显示坐标轴。
    i += 1
    if i%9==0: #设置终止条件,这里显示 8 张图片。
        break
plt.show()
```

这里引入了两个新的库 OpenCV 库和 Keras 库,其中 OpenCV 在本段程序中主要用于读取图片,Keras 库主要用于图片增强等。首先,引入了 Keras 库中的 ImageDataGenerator()语句,用于实现对图像的旋转、错切、缩放等操作。接着，使用 cv2. imread() 语句读取了一张图片。之后，经过图像变换，并显示出 8 张增强后的图片，如图 2-21 所示。

图 2-21　图片增强效果图

2.4.4　非均衡数据处理

在机器学习中，存在一种数据集分布不均衡的极端情况，比如图 2-22 中的数据集，其中某一类数据占比过高（图中达到了 95.8%），意味着即使使用最简单的模型，比如直接判定所有数据都为大样本那一类，也可以获得较高的准确率。这一准确率表面看起来很高，但是明显存在问题，就是忽略了占比较小的情况，这在疾病诊断等工作中，可能酿成无法挽回的失误。

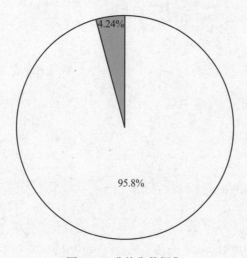

图 2-22　非均衡数据集

——— **本章小结** ———

　　本章主要介绍了数据分析中常见问题,详细地展示了数据采集、数据分析、数据呈现三个阶段可能遇到的一些数据陷阱。

　　在数据采集阶段,可能面临数据量不足、选择偏差、幸存者偏差、检查悖论等,导致我们获取的数据较为片面,或者带有很强的主观性。在数据分析阶段,列举了几个生活中可能存在的蒙地卡罗谬误、误判相关与因果等具体案例。在数据呈现阶段,列举了一些利用数据误导大众的常见手法,在各类宣传报道、统计报告中看似完美的数据,可能都是精挑细选后刻意呈现的结果。

　　最后,我们还列举了几个在数据建模中常见的问题,比如欠拟合与过拟合、图片数据量不足、数据非均衡化等问题。

　　在本章中主要用一些直观的案例引入,对于那些不易直观理解的问题,我们采用了 Python 编程进行模拟,并用试验结果加以验证。限于笔者水平,也无法穷尽各类数据陷阱,读者如果掌握有趣案例,也欢迎联系笔者进行探讨。

第 **3** 章

利用本福特定律
分析公司年报

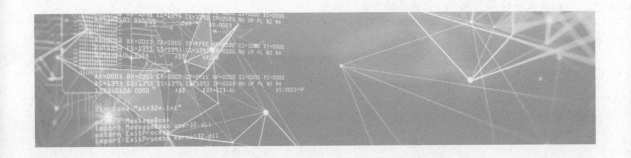

一些财务造假事件时有发生,比如 20 世纪初美国能源巨头安然公司的财务造假事件,给社会造成了深远的影响。如何发现公司财务造假?在财务、审计、法律等领域可能已经存在一套成熟的方法,本章不再就具体财务指标是否存在造假嫌疑展开分析,而是试图跳出具体的财务指标,以更加宏观的视角,通过数据挖掘的方法来判定财务数据是否存在造假嫌疑。

本章将利用"本福特定律"来判断上市公司的年报是否存在造假嫌疑,具体过程以两个案例来呈现。

3.1　准备工作

常见的财务舞弊手段各种各样。想识别具体的财务舞弊手段,可能需要结合具体业务,从财务、审计等专业的角度寻找方法。

首先通过对上市公司××××公司 2021 年年报的分析,进而判断该年报数据是否存在舞弊嫌疑。然后对 A 股上市公司年报的分析,判断其是否存在造假嫌疑。

3.1.1　财报造假识别理论——本福特定律

在研究的基础上,1938 年美国物理学家法兰克·本福特发现了一条不可思议的规律:在一堆自然产生的数据中,以 1 为首位数的数字比 2 为首位数的数字的概率要大。

不仅如此,具体来看,大约有 30% 的数字是以 1 开头的、大约 17% 的数字以 2 开头的,而 8 和 9 开头的数字的概率约为 5% 和 4%,具体见表 3-1(为了便于表述,下文中我们将这一具体比例称为"本福特概率值")。

表 3-1　首位数字分布比例表

首位数字	1	2	3	4	5	6	7	8	9
比例	0.301	0.176 1	0.124 9	0.096 9	0.079 2	0.066 9	0.058	0.051 2	0.045 8

而将这一规律可以用公式(3-1)表示:

$$P(d) = \lg\left(1 + \frac{1}{d}\right) \qquad (3\text{-}1)$$

其中,d 是首位数字,可以是 1 到 9 之间的任何整数。$P(d)$ 表示首位数字是 d 的概率。

公式 3-1 的趋势图如图 3-1 所示,即首位数字越大,出现的概率越低,这和我们直观的感觉(首位数字的概率相同)存在较大的出入。

这里读者需要了解,本福特定律并非一个严格的定律,也还没有公认的证明,只是在一些数据集上会符合该定律,但是同样也有很多情况是不符合的。

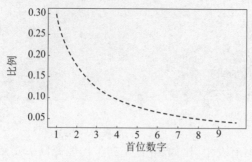

图 3-1　本福特概率趋势图

3.1.2　建模思路

如何利用本福特定律判断上市公司的年报是否存在造假嫌疑呢？在接下来两节中，我们将按照图 3-2 所示的大致流程，进行数据建模。首先，获取财报数据，财报的形式也多种多样，这里选择了美股某公司的年报（html 格式的网页文件），以及 A 股某上市公司的年报（pdf 格式的文本文件）为分析目标。再通过 Python 相关库，获取财报的文本数据。接着，使用正则表达式，从一众多文本中，提取数字之后，利用字符串处理等方法，提取所有数字的首位数，经过数据预处理，获取首位数分布表。最后，计算出首位数的比例，并与本福特概率进行对比，观察其相似程度（也可以使用相关系数等指标，进行更精确的度量），对于那些相似程度较低的财报，则判定其存在一定的造假嫌疑。至于是否真的存在造假，可能需要更专业的人士，从专业的角度进行人工审核，这里也不再展开。

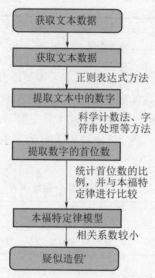

图 3-2　本福特定律建模流程图

3.1.3　编程环境

在了解了本福特定律相关理论基础，以及建模思路之后，便是如何实现这一过程。在接下来两节，将以 Python 编程来实现具体的模型，编程环境如下：

1. 编程环境

（1）操作系统：Windows 10 64 位操作系统。

（2）主要硬件参数：16GB 内存，处理器为 11th Gen Intel（R）Core（TM）i5-11400F@2.60GHz。

（3）编程环境：编程语言为 Python 3.9.7，程序运行在 Anaconda 下的 Jupyter Notebook。

2. 依赖库安装

本章除了用到常用的 NumPy、pandas、Matplotlib、seaborn 等依赖库之外，还用到了 Selenium、pdfplumber 两个依赖库，其中 Selenium 用于爬取网页数据，pdfplumber 用于获取 pdf 格式的文本数据。关于依赖库的安装，一般情况下可以通过"pip install 库名"这一语句，在 Anaconda Prompt 里进行安装，如图 3-3 所示。

```
选择 管理员: Anaconda Prompt (Anaconda3)                                    —   □   ×
(base) C:\Users\ASUS>pip install pdfplumber
WARNING: Ignoring invalid distribution -mpy (c:\programdata\anaconda3\lib\site-packages)
WARNING: Ignoring invalid distribution -ikit-learn (c:\programdata\anaconda3\lib\site-packages)
WARNING: Ignoring invalid distribution -umpy (c:\programdata\anaconda3\lib\site-packages)
WARNING: Ignoring invalid distribution -mpy (c:\programdata\anaconda3\lib\site-packages)
WARNING: Ignoring invalid distribution -ikit-learn (c:\programdata\anaconda3\lib\site-packages)
WARNING: Ignoring invalid distribution -cikit-learn (c:\programdata\anaconda3\lib\site-packages)
WARNING: Ignoring invalid distribution - (c:\programdata\anaconda3\lib\site-packages)
WARNING: Ignoring invalid distribution -mpy (c:\programdata\anaconda3\lib\site-packages)
WARNING: Ignoring invalid distribution -ikit-learn (c:\programdata\anaconda3\lib\site-packages)
WARNING: Ignoring invalid distribution -umpy (c:\programdata\anaconda3\lib\site-packages)
WARNING: Ignoring invalid distribution -mpy (c:\programdata\anaconda3\lib\site-packages)
WARNING: Ignoring invalid distribution -ikit-learn (c:\programdata\anaconda3\lib\site-packages)
WARNING: Ignoring invalid distribution -cikit-learn (c:\programdata\anaconda3\lib\site-packages)
Collecting pdfplumber
  Using cached pdfplumber-0.7.4-py3-none-any.whl (40 kB)
Requirement already satisfied: Pillow>=9.1 in c:\programdata\anaconda3\lib\site-packages (from pdfplumber) (9.2.0)
Requirement already satisfied: Wand>=0.6.7 in c:\programdata\anaconda3\lib\site-packages (from pdfplumber) (0.6.10)
Requirement already satisfied: pdfminer.six==20220524 in c:\programdata\anaconda3\lib\site-packages (from pdfplumber) (2
0220524)
Requirement already satisfied: charset-normalizer>=2.0.0 in c:\programdata\anaconda3\lib\site-packages (from pdfminer.si
x==20220524->pdfplumber) (2.0.4)
Requirement already satisfied: cryptography>=36.0.0 in c:\programdata\anaconda3\lib\site-packages (from pdfminer.six==20
220524->pdfplumber) (37.0.4)
Requirement already satisfied: cffi>=1.12 in c:\programdata\anaconda3\lib\site-packages (from cryptography>=36.0.0->pdfm
iner.six==20220524->pdfplumber) (1.14.6)
Requirement already satisfied: pycparser in c:\programdata\anaconda3\lib\site-packages (from cffi>=1.12->cryptography>=3
6.0.0->pdfminer.six==20220524->pdfplumber) (2.20)
```

图 3-3　依赖库安装

3.2　利用本福特定律判断 Meta 公司年报可信度

本节，我们的主要目标是通过本福特定律，判断美股上市公司 Meta 公司 2021 年的年报是否存在造假嫌疑。

实现流程如图 3-4 所示，首先，下载美股上市公司 Meta 公司 2021 年的年报。然后，通过爬

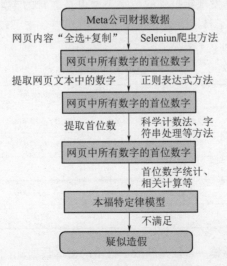

图 3-4　本福特定律建模流程图

虫语句,获取年报中所有的文本数据。接着,通过 Python 中正则表达式提取文本中的数字。之后,通过数据格式变换(科学计数法)、字符串处理等操作,提取了年报中所有数字的首位数。再之后,对首位数进行统计,统计出 1 至 9 之间各个数字的占比情况。最后,将统计出的首位数的比例和本福特概率值进行比较,当相关系数较小时,则认为该年报存在一定的造假嫌疑。

3.2.1 获取 Meta 公司年报数据

2021 年美国社交媒体平台 Facebook 正式改名为 Meta。本节建模用的年报数据来自美国证监会的网站,年报开头部分如图 3-5 所示,为了方便研究,我们将年报下载保存在本地文件夹内,年报的格式为 html 文件。

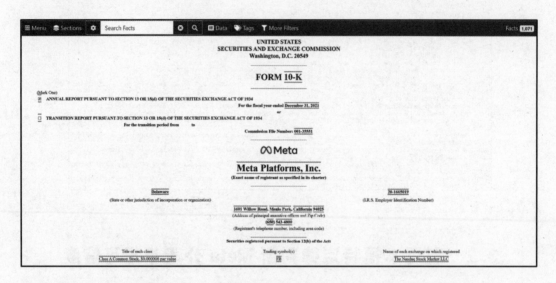

图 3-5　Meta 年报(部分)

利用本福特定律进行建模,最重要的环节之一便是从文本数据中提取出相关数字。通过对该公司 2021 年报的观察,发现年报中的数字类型也是非常的丰富,既包含了金额类常用的千分位类型的数字,也包括了日期等类型的数字,这给建模带来了较大的挑战。在表 3-2 中列举了年报中一些比较常见的数字类型。

表 3-2　年报中常见数字类型

数字示例	含义	数字示例	含义
20549	地址中的数字	(650) 543-4800	电话号码
10-K	美股年报标识	117,929	千分位数字
December 31, 2021	日期数字	37%	百分比数字
001-35551	文件编号	$ 0.000 006	小数
94025	邮编	116	页码

利用本福特定律建模的第一步便是获取年报中的文本数据,由于 Meta 公司年报为 html 格式的网页数据,这里我们使用 Selenium 库进行获取,代码如下:

```
In[1]:#获取 html 网页数据

      import numpy as np
      import pandas as pd
      import matplotlib.pyplot as plt
      import seaborn as sns
      import re
      import time
      from selenium importwebdriver

      driver =webdriver.Chrome(r'…… \chromedriver.exe')
      #启动浏览器,这里省略了驱动在本机的存放路径。
      #谷歌浏览器驱动下载地址:https://npm.taobao.org/mirrors/chromedriver/
      driver.get(r'…… \meta.html') #打开本地网页,获取年报数据。
      #  driver.get  ( ' https://www.sec.gov/ix? doc =/Archives/edgar/data/1326801/
000132680122000018/fb-20211231.htm') #也可以通过网址获取年报数据。
      #time.sleep(10) #添加停顿时间。
```

Selenium 作为一款 Web 应用测试工具,其 Python 编程接口 WebDriver 可以模拟人们使用浏览器的方式,在网络爬虫等领域有着广泛的应用。由于本节并不涉及大量的爬虫应用,主要是借助 WebDriver 接口,获取某一指定网页的文本数据。

在上述程序中,首先,通过 webdriver.Chrome() 语句,启动浏览器。接着,使用 driver.get() 语句打开年报网页,为避免网页加载缓慢等问题,这里选择将年报手动下载到本地,之后打开的方式(也可以直接利用网址进行打开)。最后,将在 3.2.2 小节讲解年报内容的获取。

3.2.2　"全选、复制"网页文本

在打开网页后,我们希望通过模拟"全选、复制"这种手动操作,获取整个网页的文本数据,代码如下:

```
In[2]:#网页文本"全选+复制"
   element = driver.find_element_by_css_selector('body')
   web_text = element.text #获取网页文本内容。
   print(web_text)
```

这里使用 CSS 选择器来查找元素,通过 driver.find_element_by_css_selector(' body') 语句获取了网页内容。之后通过 element.text 语句获取了网页的文本内容,实现了类似人工操作中"全选、复制"的动作。当然也可以尝试将"复制"的文本保存到记事本等文件中,方便在应用时直接调用。最终获取的网页数据(这里将数字进行加粗显示),代码如下:

```
Out[2]:

Menu
Menu
Sections
Sections
Additional Search Options
Clear Search
Submit Search
```

```
Data
Data
Tags
Tags
More Filters
More Filters
Facts 1,071
Inline XBRL requires a URLparam (doc | file) that correlates to a Financial Report.
Using Google Chrome can help alleviate some of these performance issues.
Inline XBRL is not usable in this state.


UNITED STATES
SECURITIES AND EXCHANGE COMMISSION
Washington, D.C.20549

————————————————


FORM 10-K

————————————————

(Mark One)
☒    ANNUAL REPORT PURSUANT TO SECTION 13 OR 15(d) OF THE SECURITIES EXCHANGE ACT OF 1934
For the fiscal year ended December31, 2021
or
☐    TRANSITION REPORT PURSUANT TO SECTION 13 OR 15(d) OF THE SECURITIES EXCHANGE ACT
OF 1934
For the transition period from              to
Commission File Number:001-35551

————————————————

Meta Platforms, Inc.
(Exact name of registrant as specified in its charter)

————————————————

Delaware20-1665019
(State or other jurisdiction of incorporation or organization) (I.R.S. Employer Identifica-
tion Number)
1601 Willow Road, Menlo Park, California 94025
(Address of principal executive offices and Zip Code)
(650) 543-4800
(Registrant's telephone number, including area code)

————————————————

Securities registered pursuant to Section12(b) of the Act:
Title of each class Trading symbol(s) Name of each exchange on which registered
Class A Common Stock, $0.000006 par value FB The Nasdaq Stock Market LLC
Securities registered pursuant to Section12(g) of the Act: None
```

3.2.3 "正则表达式"提取网页中的数字

在获得年报中的文本数据之后,我们的目标便是从文本中提取出所有类型的数字(千分位数字、小数、无间隔的数字等),代码如下:

```
In[3]:#正则表达式提取年报中的数字

    num = re.findall(r"\d+(?:\,\d*)*(?:\.?\d*)",web_text) #提取年报中的数字。
    print('获取的数字字符:\n',num)
    print('----------------------------------------')
    print('年报中数字数量:',len(num))
```

由于在年报中,存在千分位类型、日期类型等多种类型的数字,这里采用正则表达式的方式提取文本中的数字。经过反复试验,得到的正则表达式为"\d+(?:\,\d*)*(?:\.?\d*)",而各个字符的含义如图 3-6 所示。

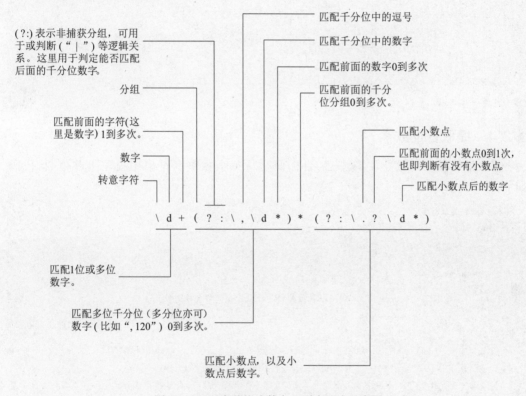

图 3-6 匹配多种格式数字正则表达式示意图

正则表达式涉及很多琐碎的知识点,这里就不再详细展开,而是列出作者的思路:首先匹配连续的数字,实现对所有类型数字的获取,但要考虑千分位类型数字的情况,单纯匹配数字可能会将千分位数字分成几个数字(比如 123,456.78,可能会被匹配为"123""456""78"三个数字);如果连续数字之后的第一个字符为逗号,则其可能为千分位数字,通过匹配其为千分位数字 0 到多次的方法,达到匹配多个千分位数字的目的;最后是要考虑存在小数点的情况,如果连续数字字符之后的第一个字符是小数点,需要匹配小数字符。这样便匹配出了所有连续数字、千分位数字、小数等类型的数字,尽管这样可能会遗漏"%"等符号,由于本福特定律仅仅与数字中的开头数字有关,这种方式并不会对结果造成影响。

想要系统地掌握正则表达式并非一件易事,还是建议以目标为导向,清楚自己的需求,通过不断的试验,进而写出符合自己需求的正则表达式。比如在本例中,尝试利用"\d+(?:,[0-9]{3})*(?:\.?\d*)"这一正则表达式,也达到了相同的目的。

最终,从年报中提取了 3 208 个数字类型的字符串,其中包含了"20549"这种连续数字型的字符串,也包含了"1,071"这种千分位类型的数字字符串,以及"0. 000006"这种小数类型的字符串,具体显示如下:

```
Out[3]:

获取的数字字符:
['1,071','20549','10','13','15','1934','31',','2021','13','15','1934','001','35551','20
','1665019','1601','94025','650','543','4800','12','0.000006','12','405','13','15','1
','13','15','1934','12','2','90',
                            ……
'10','2','2022.','2',','2022','115','10','1934',','10','2',','2022','2',','2022','2',','
2022','2',','2022','2',','2022','2',','2022','2',','2022','2',','2022','2',','2022','2',','
2022','2',','2022','2',','2022','116']

------------------------------------------------------------
年报中数字数量: 3208
```

3.2.4　提取首位数字

在取得年报中的数字字符串后,目标便是从每个数字字符串中提取出首位数,代码如下:

```
In[4]:#提取首位数字

    new_numbers = []
    for i in num:
        i = i.replace(',','') #将千分位计数中的","替换掉。
        j ="%.2e" % float(i) #将浮点数转换为科学计数法(保留2位小数)。
        new_numbers.append(j)

    df1 = pd.DataFrame({'原始数字':num,'科学计数':new_numbers})#数据整合。
    df1['首位数字'] = df1['科学计数'].apply(lambda x:int(str(x)[0]))
    #提取首位数字:思路是先将数字转换为字符串,接着选取首个字符,之后再将首个
    #字符转换为数字。
    df1=df1[~df1['首位数字'].isin([0])]
    #通过"~"取反操作,选取不包含数字0的行,相当于删除"首位数字"列为0的行
    #(因年报中含有"0.0"等字符)。
    df1.to_excel(r'……\01first_number.xlsx') #保存为 Excel。
    df1
```

关于提取首位数字,这里的思路是:首先,将所有字符串转变为科学计数法形式的浮点数,这中间涉及了千分位中逗号的去除,字符串转变为浮点数等操作。接着,利用 pandas 库中数据处理方法,对数据进行整合,得到表 3-3 中的"原始数字、科学计数"两列数据。然后,通过 apply()函数对"科学计数"列数据应用首位数提取语句(该语句的思路是,先将科学计数法下的浮点数转变为字符串,再通过字符串处理方法,获取首位字符,最后将首位字符转变为整数)。最后,将"首位数字"为 0 的行进行删除,便获取年报中数字字符串的首位数,"首位数字"列具体见表 3-3。

表 3-3　首位数字提取

	原始数字	科学计数	首位数字		原始数字	科学计数	首位数字
0	1,071	1.07e+03	1	8	13	1.30e+01	1
1	20549	2.05e+04	2	9	15	1.50e+01	1
2	10	1.00e+01	1	...	...	...	...
3	13	1.30e+01	1	3203	2,	2.00e+00	2
4	15	1.50e+01	1	3204	2022	2.02e+03	2
5	1934	1.93e+03	1	3205	2,	2.00e+00	2
6	31,	3.10e+01	3	3206	2022	2.02e+03	2
7	2021	2.02e+03	2	3207	116	1.16e+02	1

在获取首位数之后,目标便是统计出 1 至 9 之间各个数字出现的次数,代码如下:

```
In[5]:#首位数统计

    first_numbers = df1['首位数字'].value_counts() #首位数统计。
    first_numbers = first_numbers.sort_index() #按索引升序的方式重新排序。
    print('首位数字统计:\n',first_numbers)
```

这里,使用 value_counts() 函数,统计出首位数出现的次数,其中 1 出现 839 次,2 出现 1068 次,具体显示如下:

```
Out[5]:

首位数字统计:
1     839
2    1068
3     446
4     199
5     162
6     173
7     124
8     110
9      86
Name:首位数字,dtype: int64
```

为了更直观地观察年报中所有数字的首位数的分布情况,这里计算出表 3-3 中"首位数字"列各个数字的占比比例,并通过柱状图进行展示,代码如下:

```
In[6]:#柱状图展示首位数字出现的比例

    plt.figure(figsize=(20,12))
    sns.set(font_scale=2,font='SimHei',style='white') #设置字体大小、类型等。

    #绘制柱状图
    x1 = first_numbers.index #x轴数据,方便后续做柱状图。
    y1 = first_numbers/np.sum(first_numbers) #y轴数据(首位数出现比例)。
    plt.bar(x1,y1,
            width=0.4,
            color='grey',
```

```
                label='首位数字的比例') #绘制柱状图。
    for a, b in zip(x1, y1):
        plt.text(a, b, '%.2f%%'%(b * 100), ha='center', va='bottom', fontsize=18)
        #柱状图上添加数据标签,以百分比形式显示,同时小数点后保存两位数字。

    plt.xticks(range(1,10))
    plt.xlabel('首位数字',labelpad=10) #设置 X 轴名称。
    plt.ylabel('比 \n 例',rotation=360,labelpad=30)
    #设置 Y 轴名称,并让标签文字上下显示。
    plt.legend() #显示图例。
    plt.show()
```

在本段程序中,我们利用 plt. bar()语句,绘制首位数出现比例的柱状图如图 3-7 所示,并利用 plt. text()语句在柱状图顶部绘制首位数出现的具体比例。通过图 3-7 可以看出,在 2021 年 Meta 公司年报出现的所有数字中,首位数为 1 的数字出现的比例约为 26.16%,首位数为 2 的数字出现的比例约为 33.3%。

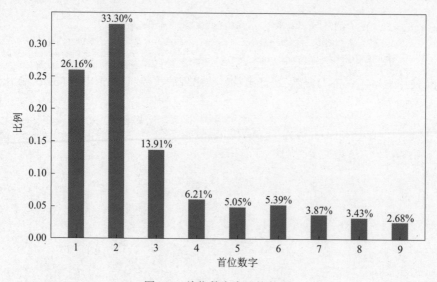

图 3-7 首位数字占比柱状图

3.2.5 利用本福特定律建模

在获得首位数字分布比例之后,接下来的目标便是分析其是否符合本福特定律,代码如下:

```
In[7]:#绘制本福特概率值曲线对比图

    plt.figure(figsize=(20,12))
    sns.set(font_scale=2,font='SimHei',style='white') #设置字体大小、类型等。

    #(1)绘制首位数出现比例柱状图
    plt.bar(x1,y1,
            width=0.4,
            color='grey',
            label='年报中首数比例') #绘制柱状图。
```

```
for a, b in zip(x1, y1):
    plt.text(a, b, '%.2f%%' % (b * 100), ha='center', va='bottom', fontsize=18)
    #柱状图上添加数据标签,以百分比形式显示,同时小数点后保存两位数字。


#(2)绘制本福特概率值曲线
x2 = np.arange(1, 10, 0.1)
y2 = np.log10((x2+1)/x2)#本福特定律公式。
plt.plot(x2,y2,
        color='black',
        linestyle='--',
        linewidth=3,
        label='本福特概率曲线') #绘制折线图。


plt.xticks(range(1,10))
plt.xlabel('首位数字',labelpad=10) #设置 X 轴名称。
plt.ylabel('比 \n 例',rotation=360,labelpad=30)
#设置 Y 轴名称,并让标签文字上下显示。
plt.legend() #显示图例。
plt.show()
```

在图 3-7 的基础上,我们增加本福特概率值曲线,结果如图 3-8 所示。可以看出,数字 2 的占比明显超过本福特概率值,4 至 9 之间的数字占比也偏离本福特概率值曲线。因此,初步判断该年报的数据存在一定的造假嫌疑。

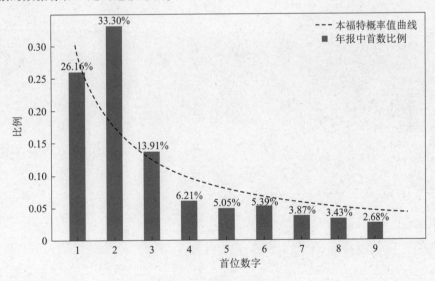

图 3-8　本福特曲线对照图

3.2.6　可信度判断

除了图 3-8 所示的这种通过人工观察的方式,接下来将通过相关系数,以量化的方式,判断首位数字分布比例和本福特概率值之间的偏离程度,代码如下:

```
In[8]:#利用相关系数进行判定

    x2 = np.arange(1, 10, 1)
```

```
y2 = np.log10((x2+1)/x2)
#根据本福特定律,计算十进制情况下,首位数字(1-9)出现的概率。
y2 = pd.Series(y2,index=x2) #数据格式转换。
print('理想比例(y2):\n',y2)
print('----------------------------------')
print('实际比例(y1):\n',y1)
print('----------------------------------')


corr_value = y1.corr(y2) #计算相关系数值。
corr_value = round(corr_value,4) #保留三位小数。
print('相关系数为 :', corr_value)
```

关于如何判断统计数据是否符合本福特定律,可以采用相关系数、偏离度等指标进行判定。这里,我们使用相关系数来判定两个变量之间的相关性,相关系数一般分布在−1 至 1 之间,其值越接近于 1 说明两个变量之间的相似度越高。Python 中相关系数的计算,可以使用 corr() 函数,最终得到实际比例(y_1)和本福特概率值(y_2)之间的相关系数为 0.846 8。

本例中,相关系数并未非常接近于 1,说明实际比例和本福特概率值之间还存在一定的差距,至于相关系数需要达到多少才可判定年报无造假嫌疑,这可能就需要结合实际的业务情况去设定。

这里,也将理想比例(y_2)和实际比例(y_1)打印出来,各个数字的比例显示如下:

```
Out[8]:

理想比例 (y2):
  1    0.301030
  2    0.176091
  3    0.124939
  4    0.096910
  5    0.079181
  6    0.066947
  7    0.057992
  8    0.051153
  9    0.045757
dtype: float64
------------------------------------
实际比例 (y1):
  1    0.261615
  2    0.333022
  3    0.139071
  4    0.062052
  5    0.050514
  6    0.053944
  7    0.038665
  8    0.034300
  9    0.026816
Name: 首位数字,dtype: float64
------------------------------------
相关系数为 : 0.8468
```

接下来用折线图,将年报中首位数的实际比例和本福特概率值绘制在同一张图中,用更直观的方式对比数据之间的相关性,代码如下:

```
In[9]:#绘制本福特概率值曲线相关图

        plt.figure(figsize=(20,12))
        sns.set(font_scale=2,font='SimHei',style='white') #设置字体大小、类型等。
        plt.plot(x1,y1,
                color='black',
                linewidth=3,
                label='年报中比例曲线') #年报中统计出的首位数比例曲线。
        plt.scatter(x1,y1,
                marker='o',
                s=100,
                c='black') #以实心圆点,标出具体比例值。
        plt.plot(x2,y2,
                color='black',
                linestyle='--',
                linewidth=3,
                label='本福特概率值曲线') #绘制本福特概率值曲线。
        plt.scatter(x2,y2,
                marker='o',
                edgecolors='black',
                s=100,
                linewidth=3,
                facecolors='none') #以空心圆点,标出具体比例值。
        plt.text(7.5,0.2,"相关系数值:"+str(corr_value),color="black")
        #将相关系数值绘制在图中。

        plt.xticks(range(1,10))
        plt.xlabel('首位数字',labelpad=10) #设置 X 轴名称。
        plt.ylabel('比 \n 例',rotation=360,labelpad=30)
        #设置 Y 轴名称,并让标签文字上下显示。
        plt.legend()
        plt.show()
```

通过图 3-9 所示的折线图,可以看出年报中首位数的比例曲线和本福特概率值曲线的重合度并不高,说明相关性不是特别强。

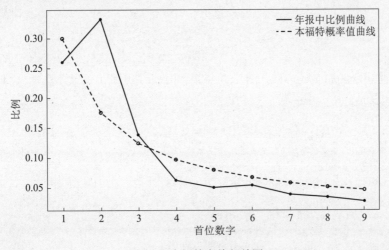

图 3-9　本福特定律相关图

3.2.7 形成结论

本节利用本福特定律对 Meta 公司年报的分析也全部完成,并形成以下结论:

(1)年报中所有数字的首位数的统计比例与本福特定律中的理想比例,两者之间的相关系数为 0.846 8,并未十分接近于 1,年报中的数据可能存在一定的造假嫌疑。

(2)年报中首位数为 2 的比例达到 33.3%,偏离了本福特定律中的理想比例值(17.6%),这可能由于年报中存在大量年份类数字(比如 2021、2020 等)导致。

(3)本方法仅仅作为识别数据造假的参考,至于结论能否用于指导工作,还需要从更专业的角度加以判断。

(4)模型还有许多可以改进的地方,比如可以尝试将时间、页码、电话号码等类型的数字去除后,重新建模。

3.3 利用本福特定律分析 A 股上市公司的年报

本节,我们选取 A 股上市公司年报,提取其中的数字进行统计分析,观察其是否符合本福特定律。整个分析过程和 3.2 节也比较类似,只是将分析的财报,从美股上市公司的英文年报(html 格式),变成 A 股上市公司的中文年报(pdf 格式)。

3.3.1 载入 pdf 格式的公司年报

关于 A 股上市公司的年报,读者可以去上市公司或者证券交易所的官网进行下载,年报的格式为 PDF 文件,这里不再具体展示。

首先导入必要的依赖库。关于 pdf 文件的载入,可以尝试使用 pdfplumber、pdfminer、PyPDF2、textract、Apache Tika 等库,这里作者选择安装使用较为简单的 pdfplumber 库进行试验,代码如下:

```
In[1]:#导入依赖库

    import numpy as np
    import pandas as pd
    import matplotlib.pyplot as plt
    import seaborn as sns
    import re
    import time
    import pdfplumber
```

接下来,使用 pdfplumber 库载入 N 公司年报,并提取其中所有的文本数据,代码如下:

```
In[2]:#载入 pdf 格式的公司年报

    path = r'……\N公司年报.pdf'
    #年报保存路径,这里需要改为您的存储路径。
    pdf=pdfplumber.open(path) #打开 pdf 文件。
    pages=pdf.pages #获取所有页的信息。
    text_all=[] #创建一个空列表。
    for page in pages: #遍历所有页的数据。
        text = page.extract_text() #extract_text 函数用于提取当前页的文本数据。
        text_all.append(text) #追加到 text_all 列表中。
```

```
text_all=''.join(text_all) #把 text_all 的列表转化成字符串。
print(text_all)
pdf.close() #关闭 pdf 文件。
```

本段程序主要用于获取 pdf 文件中所有文本信息。首先,使用 pdfplumber. open(path)语句载入了 pdf 格式的文件,使用 df. pages 语句获取 pdf 文件中所有页面的信息。接着,通过 for 循环,对每一页 pdf 文件使用 page. extract_text()语句,提取每一页的文本数据;最后,将所有 pdf 文件追加到空列表 text_all 中,便获取了整个年报的文本数据。

3.3.2 中文年报文本数据分析

本节的过程和 3.2 小节较为类似。在获取文本数据之后,首先,通过正则表达式提取文本中的数字。接着,通过字符串的处理,提取 *N* 公司年报中数字的首位数字。之后,统计首位数字的比例,并将其和本福特概率值进行对比,观察偏差程度。

1. 提取 *N* 公司年报中的数字

接下来将通过正则表达式提取上市公司年报中的数字,代码如下:

```
In[3]:#通过正则表达式提取年报中的数字

    num = re.findall(r"\d+(?:\,\d*)*(?:\?\d*)",text_all) #获取年报中的数字。
    print('年报中数字数量:',len(num))
    print('----------------------------------------')
    print('获取的数字字符:\n',num)
```

这里使用了和 3.2.3 小节中相同的正则表达式。最终,从 *N* 公司年报中提取了 8 641 个数字,部分信息如下:

```
Out[3]:

年报中数字数量:8641
----------------------------------------
获取的数字字符:
['2020', '2020', '2021', '04', '2020', '2021', '4', '26', '2020', '12', '31', '2,329,474,028', '10
', '2.4', '559,073,766.72', '2', '2020', '2', '5', '9', '14', '30', '52', '60', '61', '62', '72', '79
', '85', '212', '3', '2020', '1',
                          ⋮
                          ⋮
'411,424,190.55', '277,761,166.31', '125,415,883.75', '1,318,644,334.41', '1', '1', '2', '
11.27', '2.4942', '2.4848', '8.61', '1.9051', '1.8979', '3', '1', '2', '210', '2020', '3', '4', '211
', '2020', '2020', '2021', '04', '27', '212']
```

2. 提取年报中数字的首位数

这里是在前文获取数字的基础上,提取数字中的首位数,代码如下:

```
In[4]:#提取首位数

    #将数字字符转变为科学计数法
    new_numbers = []
    for i in num:
        i = i.replace(',','') #将千分位计数习惯中的","替换掉。
        j ="%.2e" % float(i)
```

```
          #将浮点数转换为科学计数法显示(保留小数点后 2 位数字),方便提取首位数。
          new_numbers.append(j)

      df1 = pd.DataFrame({'原始数字':num, '科学计数':new_numbers}) #数据整合。
      df1['首位数字'] = df1['科学计数'].apply(lambda x:int(str(x)[0]))
      #提取首位数。思路是先将数字转换为字符串,接着选取首个字符,之后再将首个
      #字符转换为数字。
      df1=df1[~df1['首位数字'].isin([0])]
      #通过~取反,选取不包含数字 0 的行,相当于删除"首位数字"列为 0 的行。
      df1.to_excel(r'…… \02 首位数字统计 .xlsx') #保存为 Excel。
      df1
```

这里使用了和 3.2.4 小节相同的首位数字提取方法,提取的结果见表 3-4。

表 3-4　N 公司年报中数字分布表

	原始数字	科学计数	首位数字		原始数字	科学计数	首位数字
0	2020	2.02e+03	2	8	2020	2.02e+03	2
1	2020	2.02e+03	2	9	12	1.20e+01	1
2	2021	2.02e+03	2	…	…	…	…
3	04	4.00e+00	4	8 636	2020	2.02e+03	2
4	2020	2.02e+03	2	8 637	2021	2.02e+03	2
5	2021	2.02e+03	2	8 638	04	4.00e+00	4
6	4	4.00e+00	4	8 639	27	2.70e+01	2
7	26	2.60e+01	2	8 640	212	2.12e+02	2

3. 绘制本福特概率值曲线对比图

接下来,主要是将年报中首位数字的比例绘制成柱状图,将本福特概率值绘制成折线图,同时计算出两者的相关系数,用于判断偏离程度,代码如下:

```
In[5]:#绘制本福特概率值曲线对比图

      plt.figure(figsize=(20,12))
      sns.set(font_scale=2,font='SimHei',style='white') #设置字体大小、类型等。

      #(1)绘制首位数字出现比例的柱状图
      first_numbers = df1['首位数字'].value_counts() #首位数统计。
      first_numbers = first_numbers.sort_index() #首位数出现次数按升序排序。
      x1 = first_numbers.index #x 轴数据,方便后续做柱状图。
      y1 = first_numbers/np.sum(first_numbers) #y 轴数据(首位数出现的比例)。
      plt.bar(x1,y1,
              width=0.4,
              color='grey',
              label='年报中首数比例') #绘制柱状图。
      for a, b in zip(x1, y1):
          plt.text(a, b, '%.2f%%'%(b * 100),ha='center',va='bottom',fontsize=18)
```

```
#柱状图上添加数据标签,以百分比形式显示,同时小数点后保存两位数字。

#(2)绘制本福特概率值曲线
x2 = np.arange(1, 10, 0.1)
y2 = np.log10((x2+1)/x2)#本福特定律公式。
plt.plot(x2,y2,
        color='black',
        linestyle='--',
        linewidth=3,
        label='本福特概率曲线')#绘制折线图。

#(3)绘制相关系数
x3 = np.arange(1, 10, 1)
y3 = np.log10((x3+1)/x3)
#根据本福特定律,计算十进制情况下,首位数字(1-9)出现的概率。
y3 = pd.Series(y3,index=x3)#数据格式转换。
corr_value = y1.corr(y3)#计相关系数值。
corr_value = round(corr_value,4)#保留4位小数。
plt.text(8.2, 0.2,"相关系数:"+str(corr_value))#将相关系数绘制在图中。

plt.xticks(range(1,10))
plt.xlabel('首位数字',labelpad=10)#设置 X 轴名称。
plt.ylabel('比\n例',rotation=360,labelpad=30)
#设置 Y 轴名称,并让标签文字上下显示。
plt.legend()#显示图例。
plt.show()
```

本段程序中,我们将年报中数字的首位数字的比例、本福特概率值、两者相关系数绘制如图 3-10 所示。可以看出,N 公司年报中的数字,在一定程度上还是符合了本福特概率值曲线,但是年报中数字 2 的比例偏高,达到了 25.27%,猜测可能是年报中出现了较多的年份数字(比如 2021、2020、2019 等)。为了更精确地判断两者之间的相似性,这里用相关系数来度量,两者的相关系数达到 0.946,说明两者还是比较相似的。

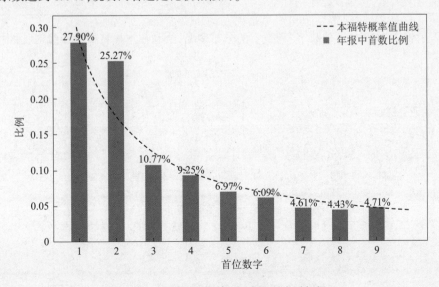

图 3-10 本福特概率值对比图(N 公司年报)

3.3.3　年份数字对本福特定律的影响

本节将在 3.3.2 小节的基础上,去除年报中的年份数字,再观察其是否符合本福特定律,代码如下:

```
In[6]:#去除财报中的年份数字

    df2 = df1[~df1['原始数字'].isin(['2021','2020','2019','2018','2017',
    '2016','2015','2014','2013'])]
    #删除"原始数字"列含有"2021、2020、2019、2018、2017、2016、2015、2014、
    #2013"的行,相当于去除财报中的年份数字。

    df2.to_excel(r'……\03财报中首位数字统计(去除年份).xlsx')
    #保存为Excel。
    df2
```

这里通过数据处理,去除了年报中的年份数字(2021、2020、2019、2018、2017、2016、2015、2014、2013),结果见表 3-5。在去除年份数字后,年报中的数字只剩下 7607 个。

表 3-5　N 公司年报去除年份数字后数字分布表

	原始数字	科学计数	首位数字		原始数字	科学计数	首位数字
3	04	4.00e+00	4	14	559 073 766 72	5.59e+08	5
6	4	4.00e+00	4	15	2	2.00e+00	2
7	26	2.60e+01	2	⋮	⋮	⋮	⋮
9	12	1.20e+01	1	8633	4	4.00e+00	4
10	31	3.10e+01	3	8634	211	2.11e+02	2
11	2 329 474 028	2.33e+09	2	8638	04	4.00e+00	4
12	10	1.00e+01	1	8639	27	2.70e+01	2
13	2.4	2.40e+00	2	8640	212	2.12e+02	2

接下来将表 3-5 中"首位数字"列数字的分布情况,绘制在本福特概率曲线对比图中,代码如下:

```
In[7]:#绘制本福特概率值曲线对比图

    plt.figure(figsize=(20,12))
    sns.set(font_scale=2,font='SimHei',style='white') #设置字体大小、类型等。

    #(1)绘制首位数字出现比例的柱状图
    first_numbers = df2['首位数字'].value_counts() #首位数统计。
    first_numbers = first_numbers.sort_index() #首位数出现次数按升序排序。
    x1 = first_numbers.index #x轴数据,方便后续做柱状图。
    y1 = first_numbers/np.sum(first_numbers) #y轴数据(首位数出现的比例)。
    plt.bar(x1,y1,
            width=0.4,
            color='grey',
            label='年报中首数比例(去除年份数字)') #绘制柱状图。
```

```
for a, b in zip(x1, y1):
    plt.text(a, b,'%.2f%%'%(b*100),ha='center',va='bottom',fontsize=18)
    #柱状图上添加数据标签,以百分比形式显示,同时小数点后保存两位数字。


    #(2)绘制本福特概率值曲线
x2 = np.arange(1, 10, 0.1)
y2 = np.log10((x2+1)/x2) #本福特定律公式。
plt.plot( x2,y2,
         color='black',
         linestyle='--',
         linewidth=3,
         label='本福特概率曲线') #绘制折线图。

#(3)绘制相关系数
x3 = np.arange(1, 10, 1)
y3 = np.log10((x3+1)/x3)
#根据本福特定律,计算十进制情况下,首位数字(1-9)出现的概率。
y3 = pd.Series(y3,index=x3) #数据格式转换。
corr_value = y1.corr(y3) #计相关系数值。
corr_value = round(corr_value,4) #保留4位小数。
plt.text(8.2, 0.2,"相关系数:"+str(corr_value)) #将相关系数绘制在图中。

plt.xticks(range(1,10))
plt.xlabel('首位数字',labelpad=10) #设置 X 轴名称。
plt.ylabel('比 \n 例',rotation=360,labelpad=30)
#设置 Y 轴名称,并让标签文字上下显示。
plt.legend() #显示图例
plt.show()
```

本段程序与3.3.2小节中的绘图程序也十分类似,绘制的本福特概率曲线对比图如图 3-11 所示,可以看出,在去除年份数字后,年报中首数比例完美地符合了本福特概率曲线,两者的相关系数也达到了 0.998。

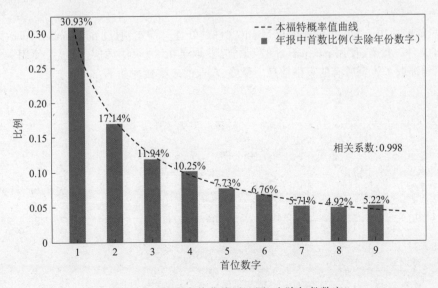

图 3-11　本福特概率值曲线对比图(去除年份数字)

3.3.4 提取表格内数字并分析

上市公司年报中普遍存在资产负债表、利润表等表格，其中也蕴含着各种数字。接下来的目标便是提取年报中的表格，再分析表格中的数字是否符合本福特定律。

1. 获取年报中某页的表格数据

这里首先用 N 公司财报中第 88 页的内容进行试验，在第 88 页中包含了一张表格见表 3-6，下面便通过程序提取该表格中的文本。

表 3-6　N 公司年报中第 88 页的表格

项目	2020 年 12 月 31 日	2019 年 12 月 31 日
流动资产		
货币资金	68 424 116 053 67	32 269 635 327 07
结算备付金		
拆出资金		
交易性金融资产	3 288 071 512.61	1 389 585 592.37
衍生金融资产	1 330 347 108.86	1 812 135 529.60
应收票据	9 877 156 349.23	9 649 949 692.85
应收账款	11 293 523 722.88	8 338 535 645.35
应收款项融资		
预付款项	997 118 630.25	538 163 094.42
应收保费		

获取某页 pdf 中的表格，代码如下：

```
In[8]:#

    path = r'……\N 公司年报.pdf'
    pdf =pdfplumber.open(path) #读取 pdf 文件。
    one_page = pdf.pages[87] #获取第 88 页内容。
    one_table = one_page.extract_tables() #提取该页所有表格信息。
    one_table
```

这里依旧使用了 pdfplumber 库进行 pdf 文件的处理。首先，通过 pdfplumber.open() 语句读取了 pdf 文件。接着，使用 pdf.pages[87] 语句，获取了第 88 页的内容。最后，使用 extract_tables() 语句提取了该页所有的表格信息。最终，获取的表格数据如下：

```
Out[8]:

[[['项目', '2020 年 12 月 31 日', '2019 年 12 月 31 日'],
  ['流动资产:', '', ''],
  ['货币资金', '68,424,116,053.67', '32,269,635,327.07'],
  ['结算备付金', '', ''],
  ['拆出资金', '', ''],
  ['交易性金融资产', '3,288,071,512.61', '1,389,585,592.37'],
  ['衍生金融资产', '1,330,347,108.86', '1,812,135,529.60'],
  ['应收票据', '9,877,156,349.23', '9,649,949,692.85'],
  ['应收账款', '11,293,523,722.88', '8,338,535,645.35'],
  ['应收款项融资', '', ''],
  ['预付款项', '997,118,630.25', '538,163,094.42'],
  ['应收保费', '', '']]]
```

2. 获取年报中所有的表格数据

文后将获取 N 公司年报中所有表格内的文本数据,代码如下:

```
In[9]:#获取年报中所有的表格数据

    pages=pdf.pages #通过 pages 属性获取所有页的信息。
    tables = [] #创建一个空列表。
    for page in pages: #遍历所有页的数据。
        one_page_tables = page.extract_tables() #提取该页表格信息。
        tables.append(one_page_tables) #把遍历的数据加到 tables 列表中。
    pdf.close() #关闭 pdf 文件。
    print(tables)
```

在了解如何提取 pdf 文件中某一页的表格文本数据之后,便可以通过 for 循环,获取财报中所有表格内的文本数据。

3. 利用正则表达式获取文本中的数字

下面的程序和前文基本类似,这里不再过多解释,代码如下:

```
In[10]:#通过正则表达式获取文本中的数字

    num = re.findall(r"\d+(?:\,\d* )* (?:\? \d* )",str(tables))
    #获取年报中的数字。注意,这里需要使用 str(tables),将列表全部转换为字符。
    print('年报中数字数量:',len(num))
    print('-----------------------------------------')
    print('获取的数字字符:\n',num)
```

本段程序,通过使用和前文相同的正则表达式,提取所有表格中的数字,最终提取表格中的数字为 6 817 个。

4. 获取表格内数字的首位数

对获取的数字进行整合,提取表格内数字的首位数,代码如下:

```
In[11]:#获取表格内数字的首位数

    #将数字字符转变为科学计数法
    new_numbers = []
    for i in num:
        i = i.replace(',','') #将千分位计数习惯中的","替换掉。
        j ="%.2e" % float(i)
        #将浮点数转换为科学计数法显示(保留小数点后 2 位数字),方便提取首位数。
        new_numbers.append(j)

    df1 = pd.DataFrame({'原始数字':num, '科学计数':new_numbers}) #数据整合。
    df1['首位数字'] = df1['科学计数'].apply(lambda x:int(str(x)[0]))
    #提取首位数字。思路是先将数字转换为字符串,接着选取首个字符,之后再将首
    #个字符转换为数字。
    df1=df1[~df1['首位数字'].isin([0])]
    #通过~取反,选取不包含数字 0 的行,相当于删除"首位数字"列为 0 的行。

    df2 = df1[~df1['原始数字'].isin(['2021','2020','2019','2018','2017',
                        '2016','2015','2014','2013'])]
```

```
#删除"原始数字"列含有"2021、2020、2019、2018、2017、2016、2015、2014、
#2013"的行,相当于去除财报中的年份数字。
df2.to_excel(r'……\04 财报中表格内首位数字统计.xlsx')
#保存为 Excel。
df2
```

本段程序和前文也比较类似,最终获取的数据见表 3-7。

表 3-7 N 公司年报中表格内数字情况表

	原始数字	科学计数	首位数字		原始数字	科学计数	首位数字
0	1	1.00e+00	1	10	352 100	3.52e+05	3
1	1 000 000	1.00e+06	1	11	2	2.00e+00	2
3	1	1.00e+00	1	…	…	…	…
4	1	1.00e+00	1	6 812	2.494 2	2.49e+00	2
6	12	1.20e+01	1	6 813	2.484 8	2.48e+00	2
7	31	3.10e+01	3	6 814	8.61	8.61e+00	8
8	300 750	3.01e+05	3	6 815	1.905 1	1.91e+00	1
9	2	2.00e+00		6 816	1.897 9	1.90e+00	1

5. 绘制本福特概率值曲线对比图

最后将表 3-7 中的"首位数字"列进行统计,进而绘制出本福特概率值对比图,代码如下:

```
In[11]:#绘制本福特概率值曲线对比图

    plt.figure(figsize=(20,12))
    sns.set(font_scale=2,font='SimHei',style='white') #设置字体大小、类型等

    #(1)绘制首位数字出现比例的柱状图
    first_numbers = df2['首位数字'].value_counts() #首位数统计。
    first_numbers = first_numbers.sort_index() #首位数出现次数按升序排序。
    x1 = first_numbers.index #x 轴数据,方便后续做柱状图。
    y1 = first_numbers/np.sum(first_numbers) #y 轴数据(首位数出现的比例)
    plt.bar(x1,y1,
            width=0.4,
            color='grey',
            label='年报中表格内数字的首数比例') #绘制柱状图。
    for a, b in zip(x1, y1):
        plt.text(a, b,'%.2f%%'%(b*100),ha='center',va='bottom',fontsize=18)
        #柱状图上添加数据标签,以百分比形式显示,同时小数点后保留两位数字。

    #(2)绘制本福特概率值曲线
    x2 = np.arange(1, 10, 0.1)
    y2 = np.log10((x2+1)/x2)#本福特定律公式。
    plt.plot(x2,y2,
            color='black',
            linestyle='--',
```

```
            linewidth=3,
            label='本福特概率曲线') #绘制折线图。

#(3)绘制相关系数
x3 = np.arange(1, 10, 1)
y3 = np.log10((x3+1)/x3)
#根据本福特定律,计算十进制情况下,首位数字(1-9)出现的概率。
y3 = pd.Series(y3,index=x3) #数据格式转换。
corr_value = y1.corr(y3) #计相关系数值。
corr_value = round(corr_value,4) #保留4位小数。
plt.text(8.2, 0.2,"相关系数:"+str(corr_value)) #将相关系数绘制在图中。

plt.xticks(range(1,10))
plt.xlabel('首位数字',labelpad=10) #设置 X 轴名称。
plt.ylabel('比 \n 例',rotation=360,labelpad=30)
#设置 Y 轴名称,并让标签文字上下显示。
plt.legend() #显示图例。
plt.show()
```

本段程序和前文也基本一致,最终结果如图 3-12 所示,可以看出财报中表格内的数字也完美地符合了本福特概率值曲线,两者的相关系数也达到了 0.997 3。

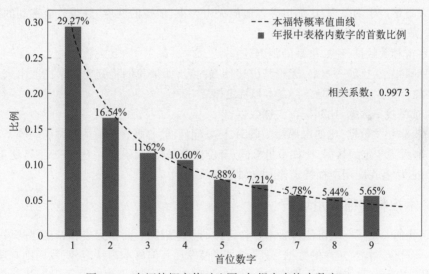

图 3-12　本福特概率值对比图(年报中表格内数字)

3.3.5　结论

通过本节对 A 股上市公司 N 公司年报的分析后,我们可以得出了以下结论:

(1)年份等数字对本福特定律的影响较大。在分析中发现,近年来的年报中,由于 2021、2020、2019 等年份数字的存在,会导致首位数 2 的比例明显升高,进而导致年报中数字分布情况偏离本福特概率值曲线。

(2)在剔除年份数字后,N 公司年报中数字的首位数的比例,完美符合本福特概率值曲线,两者的相关系数达到了 0.998。因此,我们认为 N 公司年报造假的嫌疑相对较小。

(3)如果将 N 公司年报中的表格内的数字提取出来,统计其首位数的分布情况,也较为符合本福特概率值曲线,两者的相关系数达到了 0.997 3。

（4）在 3.3 节中,我们仅仅对 N 公司的年报进行了分析,还可以选取其他公司的年报进行尝试,观察其是否符合本福特定律,这里也不再展开,有兴趣的读者可以进行尝试。

3.4　本福特定律的延伸

3.4.1　还有哪些数据可能符合本福特定律

前文,用年报分析为案例,介绍了本福特定律的具体应用场景。还有哪些数据可能符合本福特定律呢？经过查阅相关资料,对于数据量级跨度较大的数据集,可能会符合本福特定律,比如以下的一些方向：

（1）财税数据,比如财务报表中的数字。

（2）统计数据,比如国家的国土面积、国民生产总值等。

（3）音乐数据,比如每个音符在乐曲中的总时长。

（4）体育数据,比如运动员职业生涯里的篮球得分、跆拳道脚踢数、羽毛球的击球数、足球里每次拦截前的传球次数。

（5）社交媒体上的好友数量,比如脸书、推特等社交媒体,约有 30% 的人的好友数量以 1 开头。

（6）图片数据,比如未经修图软件修改的图片。

（7）大自然产生的数据,比如世界各地的火山大小、地震的深度、热带气旋移动的距离、原子的重量、放射性元素的半衰期等。

（8）宇宙相关数据,比如星系的距离等。

（9）书籍报纸,比如一本书,无论其讲述什么内容,如果我们将其中数字提取出来,并统计这些数字的首个数字,其可能会符合本福特定律。

（10）选举投票数据,比如美国大选数据。

（11）疾病相关数据,比如患癌症的概率、传染病病例、心脏骤停前的心跳间隔等。

对一些人为规定的数据,比如手机号码、身份证号、邮政编码等,一般情况下可能不符合本福特定律的,读者在应用本福特定律时应加以判断。

3.4.2　本福特定律应用场景

前文,我们总结了一些可能符合本福特定律的具体数据。而作为本福特定律的另一面,对于那些本该符合本福特定律的数据,最终通过建模发现其偏离本福特定律,我们则有理由怀疑该数据存在人为操纵的嫌疑,也即存在一定的造假嫌疑。这里简单总结了以下几个方向的应用场景：

（1）识别财务造假,比如,有人曾将本福特定律用于安然公司的财务数据,并判断其是否存在舞弊造假。

（2）识别选举数据舞弊,通过美国大选数据,判定是否存在选举欺诈。

（3）大数据审计,通过宏观层面,对相关机构进行审计分析,识别偷税漏税、刷单、套现等行为。

（4）网络机器人鉴别,在社交媒体中,通过账号的好友数量分布情况,判定其是否为网络机器人。

（5）法律证据可信度判断,通过观察图像、视频、音频等证据是否符合本福特定律,进而判断该类证据是否有被篡改过。

—— 本章小结 ——

　　本章中，我们介绍了本福特定律，并将其用于识别财报造假。全章节主要由两个具体的案例组成，案例一，则是利用本福特定律判定美股上市公司 Meta 公司 2021 年的年报是否存在造假嫌疑。案例二，则是判定 A 股上市公司 N 公司的年报是否存在造假嫌疑。两个案例分析的过程十分类似，不同之处主要在于年报数据的载入方式等。

　　本章的难点，主要在于如何读取财报数据、如何从文本数据中提取数字，以及如何提取所有数字的首位数等。在具体编程过程中，则使用了爬虫、正则表达式、pdf 数据获取、相关系数计算等知识点，可能知识点相对较杂，读者可以参照本章的代码，先行调通所有代码，再查阅相关知识点进行深入地学习。

第 **4** 章

利用规模法则发现
财务数据异常

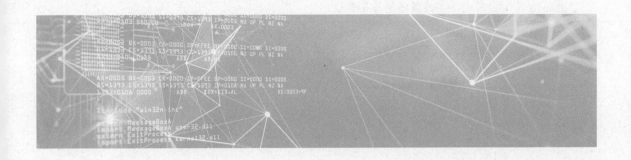

本章,我们将尝试通过更加宏观的视角,监测 A 股 4 000 余家上市公司的财务数据是否存在异常。具体来看,则是通过对 A 股 4 000 余只股票的建模分析,找出哪些财务数据偏离规模法则的公司,即财务数据异常的上市公司。

4.1 规模法则

本节,将介绍规模法则的基本原理,以及如何利用规模法则识别上市公司财务数据异常。

4.1.1 认识规模法则

1. 什么是规模法则

英国作家杰弗里·韦斯特在其出版的书籍中,详细阐述了生命体、城市、公司,乃至一切复杂万物内在的生长逻辑,经过反复试验和求证,找到了复杂世界的简单逻辑——规模法则,即事物随着规模的变化而发生幂次变化。

2. 规模法则的数学原理

对于规模法则,可以用公式(4-1)表示:

$$Y = aX^b \tag{4-1}$$

从生命体来看,如果将 X 视为动物的体重,Y 视为动物的代谢率,b 为规模缩放指数,a 为一常数,则公式(4-1)可表示为公式(4-2)的形式,即代谢率随着体重的 3/4 次幂发生变化。

$$Y = aX^{\frac{3}{4}} \tag{4-2}$$

也就是说,一种动物的体重是另一种动物的两倍,代谢率并没有随体重变化而翻倍,实际上代谢率只是变为原来的 1.68 倍,这意味着代谢率扩大的速度,比体重扩大的速度要更缓慢一些,也即随着规模的扩大,产生了一定的节余。代谢率规模法则又称作克莱伯定律。

放在城市中,城市基础设施的规模缩放指数约为 0.85,即公式 4-1 中的 b 约为 0.85。公司的规模缩放指数 b 约为 0.9。生物体的规模缩放指数 b 约为 0.75。

如果对公式 4-1 两边取以 10 为底的对数,则可以得到公式 4-3,即经过对数变换后,变量间呈现出了线性关系。

$$\begin{aligned} \lg(Y) &= b \times \lg(X) + \lg(a) \\ &= b \times \lg(X) + e \end{aligned} \tag{4-3}$$

其中,b 为线性方程的斜率,e 为线性方程的截距。即对于符合规模法则的场景,样本点经过对数变换后,应该相对集中分布在回归直线周边,如图 4-1 所示。

4.1.2 如何将规模法则用于监测公司财务数据异常

按照相关结论,公司的某些指标也会符合规模法则。假设这一前提成立,也就是说财务数

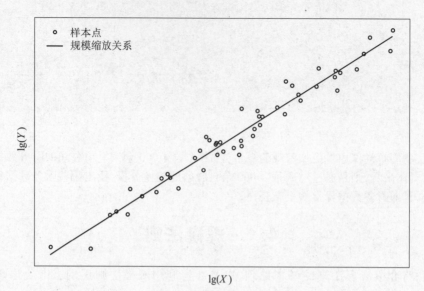

图 4-1　线性回归示意图

据正常的公司,其财务数据应当沿着回归直线两边分布,对于那些财务数据偏离线性方程的公司,我们有理由怀疑其财务数据存在一定的舞弊嫌疑。

具体如图 4-2 所示,当对上市公司财务数据进行线性回归建模后,财务指标正常的公司(图中用"○"表示)应当规律的分布在线性回归直线两边,而对于那些财务指标远离线性回归直线的公司(图中用"×"表示),则认为其财务数据存在异常(造假的嫌疑)。

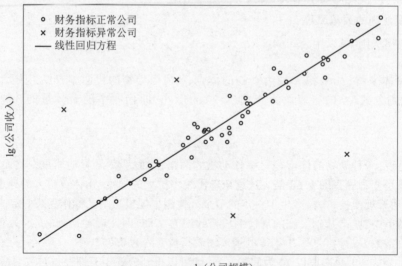

图 4-2　规模法则识别财务异常示意图

本章主要目标是从 A 股 4 000 余家上市公司中,筛选出财务数据异常的公司,将按照图 4-3 所示的流程图进行建模,进而找出 N 家财务数据异常的公司。

首先,通过公开渠道获取 A 股上市公司财务数据。然后,将财务数据的单位进行统一(将单位为"万、亿"等转换为浮点数),并通过可视化手段,观察数据集的形态。

接着,对员工人数、主营业务收入、净利润等字段的数据进行对数变换,并观察各字段间的关系。

图 4-3 规模法则建模流程图

之后,挑选相关系数较大的字段作为建模的变量。再通过线性回归求取回归方程,并将离回归方程最远的 N 个离群值当作异常值。

最后,输出这 N 个财务数据为异常值的公司名单(也即存在财务数据造假嫌疑的公司名单)。

4.2 探索性数据分析

本节,主要对 A 股 4 000 余家上市公司的财务数据进行探索性分析,将通过关系分析、对数变换等手段,观察公司规模(员工人数)与收入情况(主营业务收入、净利润)之间的关系。

4.2.1 获取 A 股上市公司财务数据

关于财经数据的获取,网上也存在一些数据接口可以直接调用,虽然方便,但是利用别人的接口,也意味着要遵循别人的规则,便会有诸多限制。因此作者还是选择通过爬虫的方式获取,数据爬取自公开网站,其包含了 4 677 家上市公司的基本信息,如表 4-1 所示。这里没有将爬虫代码列出,有需要的读者可以联系作者获取。

通过表 4-1 可以看出,数据集包含了 15 列×4 677 行的数据,与本章关系比较密切的字段主要为"主营业务收入(20××年)、净利润(20××年)、员工人数"。

表 4-1　A 股上市公司数据集

序号	股票代码	股票简称	公司名称	省份	城市	主营业务收入(20××年)	净利润(20××年)	员工人数	上市日期	招股书	公司财报	行业分类	产品类型	主营业务
1	××	××	××有限公司	××	××市	379.26亿	85.48亿	36 676	1991-04-03			银行	商业银行业务	经有关监管机构批准的各项商业银行业务
2	××	××	××有限公司	××	××市	477.74亿	24.30亿	140 565	1991-01-29	—		房地产开发	房地产、物业管理、投资咨询	房地产开发和物业服务
3	××	××	××有限公司	××	××市	2 325.30万	357.53万	264	1991-01-14	—		生物医药	移动应用安全服务、移动互联网游戏	移动应用安全服务业务
...	...	...	...	...	...	...	...	...	...	...	...	...	...	...
4 675	××	××	×××有限公司	××	××市	54.17亿	3.10亿	22 333	2021-01-18	—		—	铅蓄电池、锂离子电池	以电动轻型车动力电池业务为主，集电动特种车绿色动力电池、新能源汽车动力电池、储能电池、3C电停电池、备用电池等多品类电池的研发、生产、销售
4 676	××	××	×××有限公司	××	××市	64.01亿	3.48亿	17 354	2020-07-16	—		—	集成电路晶圆代工、设计服务与IP支持、光掩模制造、凸块加工及测试	从事集成电路晶圆代工业务，以及相关的设计服务与IP支持、光掩模制造、凸块加工及测试等配套服务
4 677	××	××	×××有限公司	××	××市	6.52亿	-1.10亿	2 654	2020-10-29	—		—	智能电动平衡车、智能电动滑板车、智能服务机器人	各类智能短程移动设备的设计、研发、生产、销售及服务

4.2.2　缺失数据可视化

在获取 A 股上市公司财务数据之后,接下来进行数据的读取,并通过数据集的概览分析、缺失值分析等,快速了解数据集的基本情况,代码如下:

```
In[1]:#读取数据并查看基本信息
    import numpy as np
    import pandas as pd
    import matplotlib.pyplot as plt
    import seaborn as sns
    import missingno as msno #缺失值可视化工具包。
    from sklearn.linear_model import LinearRegression

    df0 = pd.read_excel(r'……\01上市公司数据.xlsx') #读取上市公司财务数据。
    print(df0.info()) #快速浏览数据集基本信息。
```

关于数据读取,这里用到了 pandas 库中的 read_excel() 函数,读取了名为"01 上市公司数据 .xlsx"文件。通过 print(df0. info()) 语句输出了数据集的概览信息。从中可以看出,数据集共包含了 4 677 行 15 列的数据,其中"招股书、公司财报"列数据出现了一定的缺失,数据类型包括了"int64、object、float64"等,代码如下:

```
Out[1]:

<class 'pandas.core.frame.DataFrame'>
RangeIndex: 4677 entries, 0 to 4676
Data columns (total 15 columns):
 #    Column               Non-Null Count    Dtype
---   ------               --------------    -----
 0    序号                   4677 non-null     int64
 1    股票代码                 4677 non-null     int64
 2    股票简称                 4677 non-null     object
 3    公司名称                 4677 non-null     object
 4    省份                   4677 non-null     object
 5    城市                   4677 non-null     object
 6    主营业务收入(20**年)       4677 non-null     object
 7    净利润(20**年)          4677 non-null     object
 8    员工人数                 4677 non-null     int64
 9    上市日期                 4677 non-null     object
 10   招股书                  3621 non-null     object
 11   公司财报                 0 non-null        float64
 12   行业分类                 4677 non-null     object
 13   产品类型                 4677 non-null     object
 14   主营业务                 4677 non-null     object
dtypes: float64(1), int64(3), object(11)
memory usage: 548.2+ KB
None
```

接下来将缺失数据进行可视化展示,直观查看数据集的缺失情况,代码如下:

```
In[2]:#缺失数据可视化

    sns.set(font_scale=2,font='SimHei',style='white') #设置字体大小、类型等。
    msno.matrix(df0) #缺失值可视化,白色代表缺失值。
    plt.show()
```

msno.matrix()语句可以按数据字段名称绘制每列数据的缺失情况,其中黑色线段表示无缺失,白色线段表示数据存在缺失。

最终绘制的缺失数据分布图如图4-4所示,可以看出,在数据集中"公司财报"列数据缺失较为严重,"招股书"列数据存在部分缺失。

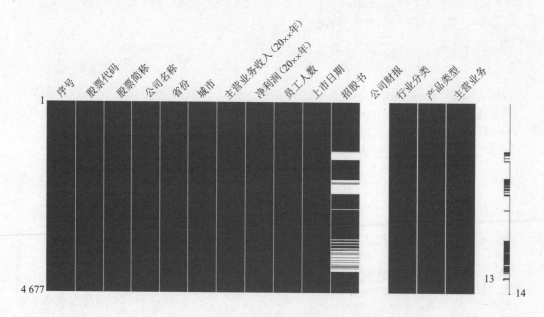

图 4-4　缺失数据分布图

4.2.3　统一收入单位

由于"主营业务收入(20××年)、净利润(20××年)"两列数据的格式较为多样,其存在"亿、万"等单位,为了方便后续的建模,接下来将这两列数据的格式统一为浮点数类型,代码如下:

```
In[3]:#统一收入单位

    def unified_income(x):#定义统一单位函数。
        '''
        功能:输入带有数字单位(万、亿等)字符串,转换为浮点数或值。
        例如,将"12.34万,3.6亿,4567.06,--",转换为"123400,360000000,4567.06,others"。
        '''
        if str(x)[-1:].isdigit()==True:
        #通过字符串最后一位数字是否为数字,判断该字符串是否为纯数字。
            unified_number = float(x) #转换为浮点数
        elif str(x)[-1:] == "亿":#字符串最后一位是如果是"亿"。
            unified_number = float(str(x)[:-1]) * 100000000
            #数字部分乘以100000000。
```

```
        elif str(x)[-1:] == "万":#字符串最后一位是如果是"万"。
            unified_number = float(str(x)[:-1]) * 10000
            #数字部分乘以10000
        else:                        #如果是字符串。
            unified_number = 'others'#统一转换为"others"。
        return unified_number


#将统一单位函数用于相关字段
df0 = df0[['股票简称','员工人数','主营业务收入(20**年)','净利润(20**年)']]
#选取本节分析需要的字段。
df0['净利润'] = df0['净利润(20**年)'].apply(unified_income)
#将 unified_income()函数用于"净利润(20**年)"列数据。
df0['主营业务收入'] = df0['主营业务收入(20**年)'].apply(unified_income)
#将 unified_income()函数用于"营业务收入(20**年)"列数据。
df0 = df0[~(df0['主营业务收入'].isin(['others'])|df0['净利润'].isin(['others']))]
#选取"净利润、主营业务收入"列均不含"others"的数据。
df0=df0.dropna(axis=0)#删除缺失行
df0.to_excel(r'……\01预处理后的数据.xlsx')
# 将预处理后数据导出为 excel 数据。
```

这里,首先定义了一个单位统一函数 unified_income(),其功能主要是将带有"亿、万"等单位的数字转换为浮点数。接着,将 unified_income()函数用于"主营业务收入(20××年)、净利润(20××年)"两列数据,实现了将数据单位统一的目的。最终,生成了含有新的"净利润""主营业务收入"列的数据集,见表4-2。

表4-2　单位统一后的经营数据集

	股票简称	员工人数	主营业务收入（20××年）	净利润（20××年）	净利润（元）	主营业务收入（元）
0	××××	36 676	379.26 亿	85.48 亿	8 548 000 000	37 926 000 000
1	××××	140 565	477.74 亿	24.30 亿	2 430 000 000	47 774 000 000
2	××××	264	2 325.30 万	357.53 万	3 575 300	23 253 000
3	××××	629	4 570.29 万	-2 235.80 万	-22 358 000	45 702 900
4	××××	397	6.52 亿	1.41 亿	141 000 000	652 000 000
…	…	…	…	…	…	…
4 672	××××	802	1.83 亿	2 425.83 万	24 258 300	183 000 000
4 673	××××	765	8 959.80 万	897.46 万	8 974 600	89 598 000
4 674	××××	22 333	54.17 亿	3.10 亿	310 000 000	5 417 000 000
4 675	××××	17 354	64.01 亿	3.48 亿	348 000 000	6 401 000 000
4 676	××××	2 654	6.52 亿	-1.10 亿	-110 000 000	652 000 000

4.2.4　数据集分布形态

小提琴图可以认为是箱型图和核密度图的结合,通过小提琴图可以查看哪些位置的密度较高。接下来将使用小提琴图展示单位变换后的数据集,用以直观地观察数据集的分布形态,代码如下:

```
In[4]:#小提琴图展示数据分布情况

    df1=df0[['员工人数','净利润','主营业务收入']].astype('float')
    #数据格式统一为浮点数类型。
    plt.figure(figsize=(20,10))
    plt.rcParams['axes.unicode_minus']=False          #用来正常显示负号。
    sns.set(font_scale=2,font='SimHei',style='white') #设置字体大小、类型等。
    plt.subplots_adjust(wspace=0.5,hspace=0.3)
    for n,i in enumerate(df1.columns):
        print(len(df1.columns))
        plt.subplot(1,3,n+1)
        plt.title("小提琴图")
        plt.grid(linestyle='--')
        sns.violinplot(y=df1[i],color='lightgrey')
        plt.xlabel(i) #设置 X 轴名称。
        plt.ylabel(i,labelpad=10) #设置 Y 轴名称。
```

在对数据集的单位统一之后,这里使用小提琴图,对"员工人数""净利润""主营业务收入"3列的数据进行直观的展示,结果如图 4-5 所示。从图中可以看出,数据的跨度相对较大,尤其在"净利润""主营业务收入"两列的数据中,数据达到了 10^{10} 和 10^{11} 这种量级,而在"净利润"一列中,还存在一定的负数。

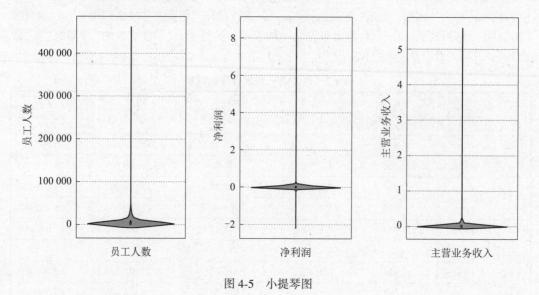

图 4-5　小提琴图

4.2.5　数据集关系分析

由于本章的主要目标是探寻规模法则在公司数据中的应用,这里重点查看"员工人数"与"净利润""主营业务收入"两列数据之间的关系,代码如下:

```
In[5]:#"员工人数"与"净利润""主营业务收入"间的散点图

    plt.figure(figsize=(20,10))
    sns.set(font_scale=2,font='SimHei',style='white') #设置字体大小、类型等。
    plt.rcParams['axes.unicode_minus']=False          #用来正常显示负号。
```

```
plt.subplots_adjust(wspace =0.3)                    #调整子图间距。

plt.subplot(121)
plt.scatter(df0['员工人数'], df0['净利润'] ,s=15,c='black')
plt.xlabel('员工人数',labelpad=10)        #设置 X 轴名称。
plt.ylabel('净\n利\n润',rotation=0,labelpad=30)
#设置 Y 轴名称,并让标签文字上下显示。
plt.title('净利润分布图')

plt.subplot(122)
plt.scatter(df0['员工人数'], df0['主营业务收入'] ,s=15,c='black')
plt.xlabel('员工人数',labelpad=10) #设置 X 轴名称。
plt.ylabel('主\n营\n业\n务\n收\n入',rotation=0,labelpad=30)
#设置 Y 轴名称,并让标签文字上下显示。
plt.title('主营业务收入分布图')
plt.show()
```

这里通过 plt.scatter( )语句,绘制了员工人数与净利润、员工人数与主营业务收入之间的散点图如图 4-6 所示,可以看出数据主要集中于坐标轴的左下角,数据集并未出现明显的分布特征。

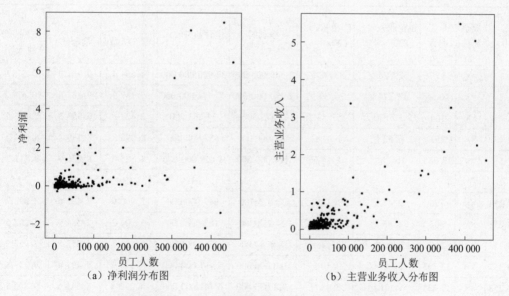

（a）净利润分布图　　　　　　　（b）主营业务收入分布图

图 4-6　员工人数与净利润、主营业务收入间的散点图

4.2.6　对数变换

本小节主要目的是将"员工人数、净利润、主营业务收入"列数据进行对数变换,并观察对数变换后各字段间的关系情况,代码如下:

```
In[6]:#对"员工人数、净利润、主营业务收入"列数据进行对数变换

df0['lg(员工人数)']=df0['员工人数'].apply(np.log10)
#"员工人数"列数据进行对数变换。
df0['lg(净利润)']=df0['净利润'].astype('float').apply(np.log10)
```

```
#"净利润"列数据进行对数变换。
df0['lg(主营业务收入)']=df1['主营业务收入'].astype('float').apply(np.log10)
#"主营业务收入"列数据进行对数变换。
df0=df0.dropna(axis=0)
#删除对数变换后的缺失行,这里的缺失值主要由于负数的对数值造成。
df0=df0[~df0['lg(主营业务收入)'].isin([-np.inf])]
#将"lg(主营业务收入)"列中,负无穷大(0的对数值)所在的行进行删除。
df0=df0[~df0['lg(净利润)'].isin([-np.inf])]
#将"lg(净利润)"列中,负无穷大(0的对数值)所在的行进行删除。
df0.to_excel(r'……\02 对数变换后的数据.xlsx')
# 将对数变换后的数据导出为 excel 数据。
```

在对 DataFrames 数据表进行数据格式变换时,用到了 apply() 函数,该函数可以实现对某一列数据运用某函数。在本段代码中:首先,通过 apply() 函数,对"员工人数、净利润、主营业务收入"3 列数据分别运用对数变换函数,便获得了"lg(员工人数)、lg(净利润)、lg(主营业务收入)"3 列对数变换后的新的数据。之后,通过对缺失值(负数的对数值)、异常值(0 的对数 -inf)所在的行进行删除处理,实现了对数据集的清洗。最终,得到了对数变换后的数据集见表 4-3。

表 4-3 对数变换后的数据集

序号	股票简称	员工人数	主营业务收入(20××年)	净利润(20××年)	净利润	主营业务收入	lg(员工人数)	lg(净利润)	lg(主营业务收入)
1	××	36 676	379.26 亿	85.48 亿	8 548 000 000	37 926 000 000	4.564 4	9.931 9	10.578 9
2	××	140 565	477.74 亿	24.30 亿	2 430 000 000	47 774 000 000	5.147 9	9.385 6	10.679 2
3	××	264	2 325.30 万	357.53 万	3 575 300	23 253 000	2.421 6	6.553 3	7.366 5
4	××	397	6.52 亿	1.41 亿	141 000 000	652 000 000	2.598 8	8.149 2	8.814 2
5	××	13 345	16.28 亿	1.14 亿	114 000 000	1 628 000 000	4.125 3	8.056 9	9.211 7
…	…	…	…	…	…	…	…	…	…
3 254	××	796	2.47 亿	2 707.57 万	27 075 700	247 000 000	2.900 9	7.432 6	8.392 7
3 255	××	802	1.83 亿	2 425.83 万	24 258 300	183 000 000	2.904 2	7.384 9	8.262 5
3 256	××	765	8 959.80 万	897.46 万	8 974 600	89 598 000	2.883 7	6.953 0	7.952 3
3 257	××	22 333	54.17 亿	3.10 亿	310 000 000	5 417 000 000	4.348 9	8.491 4	9.733 8
3 258	××	17 354	64.01 亿	3.48 亿	348 000 000	6 401 000 000	4.239 4	8.541 6	9.806 2

接下来通过散点图展示表 4-3 中"员工人数、lg(员工人数)、lg(净利润)、lg(主营业务收入)"列数据之间的关系,代码如下:

```
In[7]:#数据关系图(对数变换后)

df2 = df0[['员工人数','lg(员工人数)','lg(净利润)','lg(主营业务收入)']]
sns.set(font_scale=2,font='SimHei',style='white') #设置字体大小、类型等。
sns.pairplot(df2,
plot_kws=dict(s=20,color="black"),
diag_kws=dict(color="black"),
size=6)
```

这里,通过 sns. pairplot( )语句绘制了"员工人数、lg(员工人数)、lg(净利润)、lg(主营业务收入)"列数据之间的矩阵散点图,具体如图 4-7 所示。可以看出经过对数变换后,"lg(员工人数)"和"lg(净利润)、lg(主营业务收入)"之间并非是随机分布的关系,而是表现出了一定的规律性,数据似乎是沿着一条直线的两边呈现线性分布。即经过对数变换后,"lg(员工人数)"和"lg(净利润)、lg(主营业务收入)"之间出现了规模法则中的线性关系。

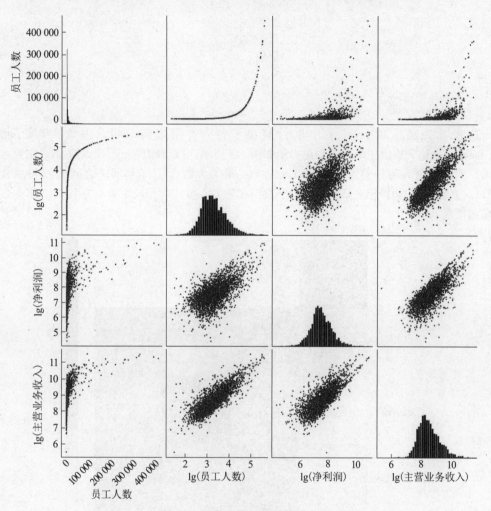

图 4-7　对数变换后的数据分布图

4.3　利用规模法则进行数据建模

本节,将选取具体的变量进行建模,也即选择相关系数相对较大的字段,作为分析变量,并利用规模法则,筛选出财务数据异常的上市公司。

4.3.1　变量选取

通过图 4-7 可以看出,对数变换后的字段"lg(员工人数)、lg(净利润)、lg(主营业务收入)"之间分布具有一定的线性关系。接下来将通过相关系数热力图,展示各个字段间的相关系数,代码如下:

```
In[8]:#相关关系热力图

    df2_corr = df2.corr()#计算相关系数
    plt.figure(figsize=(18,14))
    sns.set(font_scale=2,font='SimHei',style='white') #设置字体大小、类型等。
    sns.heatmap(df2_corr,
                annot=True,
                fmt=".3f",
                linewidths=.5,
                cmap="gray_r",
                linecolor='black') #绘制相关系数矩阵热力图
    plt.yticks(rotation=0) #设置 x 轴刻度文字的方向
    plt.show()
```

这里,首先通过 df2.corr() 语句,计算出了各列数据之间的相关系数。接着,通过 sns.heatmap() 语句输出了相关关系热力图如图 4-8 所示,可以看出"lg(员工人数)、lg(主营业务收入)"两列数据间的相关系数达到 0.823,"lg(员工人数)、lg(净利润)"之间的相关系数为 0.613。由此,我们选择相关系数较大的字段"lg(员工人数)"与"lg(主营业务收入)"作为数据建模的变量。

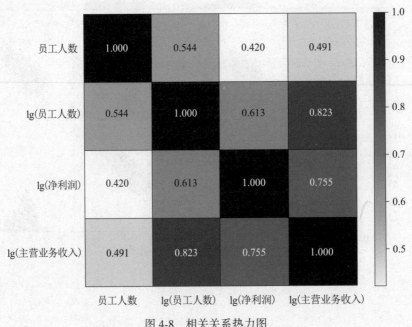

图 4-8 相关关系热力图

4.3.2 线性回归

本节,将对"lg(员工人数)"与"lg(主营业务收入)"两列数据进行线性回归,求取线性回归方程,并进行可视化。

1. 理论基础

一元线性回归可以理解为,通过已知的样本点找到最佳拟合直线(回归方程)的过程如图 4-9 所示。而该拟合直线在二维坐标系中可以用公式(4-4)中的回归方程表示:

$$y = ax + b \tag{4-4}$$

其中,y 为因变量,x 为自变量,a 为回归系数(回归直线的斜率),b 为常数项(回归直线在 y 轴上的截距)。关于如何寻找最佳的拟合直线,可以采用最小二乘等方法,这里不再展开介绍,有兴趣的读者可以自行查阅相关资料了解。

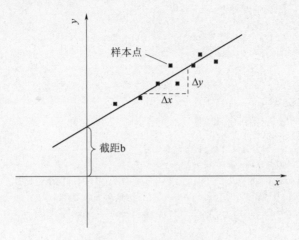

图 4-9　线性回归示意图

多元线性回归与一元线性回归类似,多元线性回归方程可以用公式 4-5 表示:

$$y = \beta_0 + \beta_1 x_1 + \beta_2 x_2 + \cdots + \beta_n x_n \tag{4-5}$$

多元线性回归的过程可以理解为通过已知样本点,求 $\beta_0, \beta_1, \beta_2, \cdots, \beta_n$ 等参数的过程。

2. 线性回归建模

规模法则中最关键的一步流程便是对数据进行线性回归分析。接下来便是利用 sklearn 机器学习库,对相关系数较大的 "lg(员工人数)" 和 "lg(主营业务收入)" 两列数据进行线性回归建模,进而求解出线性回归方程,代码如下:

```
In[9]:#线性回归建模

    X = df0[['lg(员工人数)']].astype('float')
    y = df0[['lg(主营业务收入)']].astype('float')
    reg =LinearRegression()#创建线性回归模型。
    reg.fit(X, y)
    print("线性回归方程:y = {:.5f}x + {:.5f}"
         .format(reg.coef_[0][0],reg.intercept_[0]))#输出线性回归方程。
    print('决定系数:',reg.score(X, y)) #输出模型评估系数。
    y_pred = reg.predict(X)           #模型预测。
```

这里选择了相关系数更大的"lg(员工人数)、lg(主营业务收入)"两列数据作为建模数据,其中"lg(员工人数)"作为自变量 X,"lg(主营业务收入)"作为因变量 y。首先,通过 LinearRegression()语句创建线性回归模型。接着,将自变量、因变量带入 fit()语句,实现了对模型的训练。之后,通过参数"coef_[0][0], intercept_[0]"输出线性回归方程的斜率和截距。最终,得到的线性回归方程:

$$y = 0.99538x + 5.35797$$

3. 绘制线性回归示意图

接下来将回归直线,以及样本点绘制在同一张图中,方便直观地观察回归方程和各个数据点之间的关系,代码如下:

```
in[10]:#线性回归示意图

    sns.set(font_scale=2,font='SimHei',style='white') #设置字体大小、类型等。
    plt.rcParams['axes.unicode_minus']=False         #用来正常显示负号。

    df0.plot.scatter(x='lg(员工人数)',y='lg(主营业务收入)',
                     c='black',
                     figsize=(20,15),
                     label='样本点') #绘制各个样本点的散点图。
    plt.plot(X, y_pred,
             color="black",
             linewidth=3,
             label='回归直线') #绘制回归直线图。
    plt.title("线性回归方程: y = {:.5f}x + {:.5f}"
              .format(reg.coef_[0][0],reg.intercept_[0])) #绘制标题。
    plt.xlabel('lg(员工人数)',labelpad=10)    #设置 X 轴名称。
        plt.ylabel('lg\n⌒\n 主\n营\n业\n务\n收\n入\n⌣',
        rotation=0,
        labelpad=30)    #设置 Y 轴名称,并让标签文字上下显示。
    plt.legend()
    plt.show()
```

通过图 4-10 所示的线性回归示意图,可以直观地看出,大部分数据规律地分布在回归直线两侧,但是也有少部分数据距离回归直线较远(即离群值)。

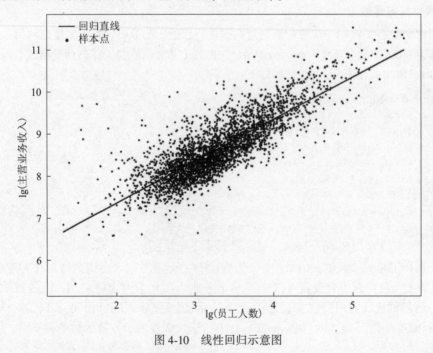

图 4-10　线性回归示意图

4.3.3　财务数据异常的公司名单

接下来,便是寻找出距离回归直线较远的点,并将其当作异常点(也存在财务数据造假嫌疑的公司),代码如下:

```
in[11]:#输出20个财务数据异常的公司名单

        df0['pre_lg(主营业务收入)'] = y_pred
        #增加"pre_lg(主营业务收入)"列数据。
        df0['主营业务收入差'] = np.abs(df0['lg(主营业务收入)']
                                    -df0['pre_lg(主营业务收入)'])
                            #求两列数据差的绝对值
        df0 = df0.sort_values(by="主营业务收入差",ascending=False)
        #按"主营业务收入差"列数据值由大到小的顺序,将数据集重新排序。
        N=20 #设置异常值的数量,将离回归方程最远的N个点视为异常值。
        df0[:N].to_excel(r'……\03异常值.xlsx')
        # 将异常值导出为excel数据。
```

如果将距离回归直线较远的样本点(离群值)当作异常点,我们的目标便是寻找出距离回归直线最远的 N 个点。首先,利用 np.abs() 语句,求出了实际值"lg(主营业务收入)"和预测值"pre_lg(主营业务收入)"之间差的绝对值(也即样本点到回归直线的相对距离)。接着,使用 sort_values() 函数,将数据集按照"主营业务收入差"列数据值的大小,进行逆序排序。最后,选取"主营业务收入差"列数据最大,即距离最远的 N(这里设置为 20)个点作为异常点(也即存在财务数据造假嫌疑的公司),结果见表 4-4。

表 4-4　财务异常公司信息表

序号	股票简称	员工人数	主营业务收入(20××年)	净利润(20××年)
1	××××	37	46.69 亿	3.60 亿
2	××××	57	51.45 亿	1.13 亿
3	××××	36	12.40 亿	557.57 万
4	××××	38	7.46 亿	374.35 万
5	××××	79	13.41 亿	2 106.79 万
6	××××	612	97.72 亿	7.06 亿
7	××××	481	75.97 亿	1.24 亿
8	××××	1 097	449.38 万	500.27 万
9	××××	5 799	669.27 亿	3.85 亿
10	××××	4 867	505.90 亿	6.07 亿
11	××××	216	21.05 亿	9 148.62 万
12	××××	25	2.07 亿	68.99 万
13	××××	1 946	155.59 亿	1.20 亿
14	××××	213	15.96 亿	4.42 亿
15	××××	2 379	176.13 亿	7.52 亿
16	××××	238	15.80 亿	7.49 亿
17	××××	2 349	144.89 亿	4.87 亿
18	××××	30	27.99 万	8 637.52 万
19	××××	2 378	118.47 亿	1.44 亿
20	××××	1 903	93.37 亿	2.67 亿

为了直观地观察异常值的分布情况,这里使用散点图对异常值进行可视化展示,代码如下:

```
in[12]:#异常值可视化

    plt.figure(figsize=(20,15))
    sns.set(font_scale=2,font='SimHei',style='white') #设置字体大小、类型等。
    plt.plot( df0['lg(员工人数)'],
            df0['pre_lg(主营业务收入)'],
            color="black",
            linewidth=3,
            label='回归直线')
    plt.scatter(df0[:N]['lg(员工人数)'],
            df0[:N]['lg(主营业务收入)'],
            marker='x',
            color='black',
            s=100,
            linewidth=3,
            label='异常值')#绘制散点图
    plt.scatter(df0[N:]['lg(员工人数)'],
            df0[N:]['lg(主营业务收入)'],
            s=10,
            color='black',
            label='正常值')#绘制散点图
    plt.xlabel('lg(员工人数)',labelpad=10)    #设置 X 轴名称。
    plt.ylabel('lg\n⌒\n主\n营\n业\n务\n收\n入\n⌣',
            rotation=0,
            labelpad=30)    #设置 Y 轴名称,并让标签文字上下显示。
    plt.legend()
    plt.show()
```

最终获取的异常值分布图如图 4-11 所示,在图中正常值用黑点表示,异常值用符号×表示,可以看出异常值距离回归直线相对较远。

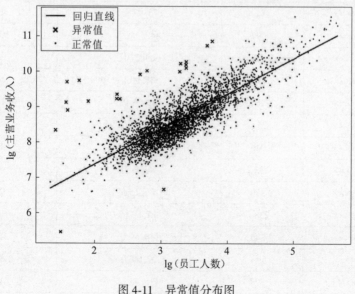

图 4-11　异常值分布图

至此,"利用规模法则监测上市公司数据异常"建模工作已全部完成,并由此总结出以下结论:

(1)A 股上市公司的财务数据,在一定程度上也符合规模法则。同时,规模缩放指数约为 0.995。

(2)经过对数变换后的员工人数和主营业务收入之间呈现明显的线性关系,线性回归方程为:$y=0.995\ 38x+5.357\ 97$。

(3)本章获取的财务数据造假嫌疑的公司名单,仅仅是根据规模法则这一理论的推导,至于这些公司是否真的存在财务数据造假,可能需要结合具体业务,运用业务领域知识加以判断。

(4)规模法则是否可以拓展更多场景,比如城市、国家与地区等,这里不再探索,有兴趣的读者可以继续拓展学习。

—— 本章小结 ——

本章中,我们跳出具体的财务指标,尝试通过更加宏观的视角,判断上市公司的财务数据是否存在造假嫌疑。一开始介绍了规模法则的基本原理,以及应用的思路。接着,对 A 股市场上 4 000 余家上市公司的财务数据进行了探索性分析,直观地观察 A 股市场上市公司的基本情况。之后,利用规模法则,对 A 股上市公司的财务数据"员工人数"与"主营业务收入"进行线性回归建模,得出规模缩放指数约为 0.995。最后,给出了那些财务数据偏离规模法则的公司名单(也即存在财务数据造假嫌疑的公司名单)。

本章从数据挖掘的角度,给出了识别财务数据造假的方法,但读者还是需要清醒地意识到,数据分析一般离不开具体的业务场景,至于这一方法能不能用于具体工作,还需要运用业务知识加以验证。

第 **5** 章

利用决策树进行
信贷数据异常检测

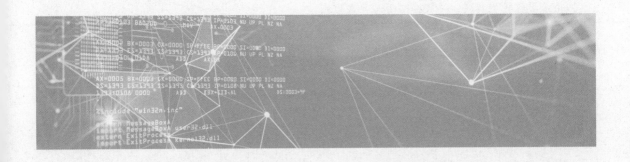

随着经济的发展,人们的消费欲望不断提升,随之而来的是各类贷款需求的增加。商业银行和一些金融公司都在尝试开展各类信用贷款业务。但借款人逾期还款也成为该类机构面临的问题之一。如何对借款人是否逾期进行预判(也即检测出可能逾期的异常值),成为该类机构面临的挑战之一。想要精准的预判借款人是否会逾期,是一个综合性的问题,可能需要综合考虑各种因素。

本章主要从数据挖掘的角度进行探索,具体来看,则是通过大量借款人的历史借款信息,训练一个决策树模型,进而根据该模型判断新的借款人会不会逾期。

5.1 数据可视化与异常数据处理

关于异常值,可以理解为数据集中偏离大部分观测值的数据,比如人的年龄超过 200 岁、身高超过 3 米等数据,也可以是含有缺失值的数据等。常见的异常值处理方法是根据统计分布的规律来识别和删除异常值。

本节主要通过 Python 编程,通过统计手段,以可视化的方法来识别异常值,进而对数据集中的异常值进行预处理,生成模型训练的数据。

5.1.1 数据集概览

本章使用的数据集来自 Kaggle 网站。数据集包含 11 列数据,并以 CSV 的形式保存,部分内容如表 5-1 所示,每一列都是数值数据。

为了直观地查看数据,这里将每列数据的名称翻译成汉语并对其进行解释(见表 5-2),以便直观地理解每列数据的含义。

表 5-1 信贷数据集（部分）

	SeriousDlqin2yrs	RevolvingUtilizationOfUnsecuredLines	age	NumberOfTime30-59DaysPastDueNotWorse	DebtRatio	MonthlyIncome	NumberOfOpenCreditLinesAndLoans	NumberOfTimes90DaysLate	NumberRealEstateLoansOrLines	NumberOfTime60-89DaysPastDueNotWorse	NumberOfDependents
1	1	0.766126609	45	2	0.802982129	9120	13	0	6	0	2
2	0	0.957151019	40	0	0.121876201	2600	4	0	0	0	1
3	0	0.65818014	38	1	0.085113375	3042	2	1	0	0	0
4	0	0.233809776	30	0	0.036049682	3300	5	0	0	0	0
5	0	0.9072394	49	1	0.024925695	63588	7	0	1	0	0
6	0	0.213178682	74	0	0.375606969	3500	3	0	1	0	1
7	0	0.305682465	57	0	5710	NA	8	0	3	0	0
8	0	0.754463648	39	0	0.209940017	3500	8	0	0	0	0
9	0	0.116950644	27	0	46	NA	2	0	0	0	NA
10	0	0.189169052	57	0	0.606290901	23684	9	0	4	0	2
11	0	0.644225962	30	0	0.30947621	2500	5	0	0	0	0
12	0	0.01879812	51	0	0.53152876	6501	7	0	2	0	2
13	0	0.010351857	46	0	0.298354075	12454	13	0	2	0	2
14	1	0.964672555	40	3	0.382964747	13700	9	3	1	1	2
15	0	0.019656581	76	0	477	0	6	0	1	0	0

表 5-2　各字段数据含义对照表

英文名称	中文名称	解释
SeriousDlqin2yrs	未来两年可能逾期	是否有超过 90 天以上的逾期或更严重的不良行为
RevolvingUtilizationOfUnsecuredLines	剩余信用额度比例	信用卡和个人信用额度(不动产和汽车贷款等分期付款债务除外)的总余额除以信用额度之和
age	年龄	贷款年龄
NumberOfTime30-59DaysPastDueNotWorse	逾期 30~59 天的次数	借款人逾期 30~59 天的次数,但在过去两年内没有更糟的情况
DebtRatio	负债率	月债务、赡养费、生活费除以月总收入
MonthlyIncome	月收入	每个月的收入
NumberOfOpenCreditLinesAndLoans	信贷数量	包括未偿贷款数量(分期付款,如汽车贷款或抵押贷款)和信贷额度(如信用卡)
NumberOfTimes90DaysLate	逾期 90 天及其以上的次数	逾期 90 天及以上的次数情况
NumberRealEstateLoansOrLines	固定资产贷款数量	包括房屋净值信贷额度在内的抵押贷款和房地产贷款数量
NumberOfTime60-89DaysPastDueNotWorse	逾期 60~89 天的次数	借款人逾期 60~89 天的次数,但在过去两年内没有更糟的情况
NumberOfDependents	家庭成员数	家庭中不包括自己的受抚养人数量(配偶、子女等)

5.1.2　数据缺失情况统计

本小节,将对数据集进行统计分析,并将缺失值进行可视化,帮助读者对数据集有个直观的认识。为了直观地了解数据集的特征,这里通过 print(df0. info())语句输出数据集的基本信息,代码如下:

```
In[1]:import pandas as pd
      import matplotlib. pyplot as plt
      import seaborn as sns

      df0 = pd. read_csv('…/01-cs-training. csv',index_col=0) #读取数据。
      print(df0.info())#查看数据信息。
      print(df0.isnull().sum())#观察缺失值情况。
      msno.matrix(df0)　#缺失值可视化,白色代表缺失值。
```

可以看出,数据集中包含 150 000 行、11 列的数据。在 11 列数据中,4 列数据的格式为 float 64,7 列数据的格式为 int 64。而"MonthlyIncome"列和"NumberOfDependents"列的数据出

现了一定的缺失,具体结果如下:

```
Out[1]:


    <class 'pandas. core. frame. DataFrame' >
    Int64Index: 150000 entries, 1 to 150000
    Data columns (total 11 columns):
 #  Column                                  Non-Null Count        Dtype
--- ------                                  ---------------       -----
 0  SeriousDlqin2yrs                        150000 non-null       int64
 1  RevolvingUtilizationOfUnsecuredLines    150000 non-null       float64
 2  age                                     150000 non-null       int64
 3  NumberOfTime30-59DaysPastDueNotWorse    150000 non-null       int64
 4  DebtRatio                               150000 non-null       float64
 5  MonthlyIncome                           120269 non-null       float64
 6  NumberOfOpenCreditLinesAndLoans         150000 non-null       int64
 7  NumberOfTimes90DaysLate                 150000 non-null       int64
 8  NumberRealEstateLoansOrLines            150000 non-null       int64
 9  NumberOfTime60-89DaysPastDueNotWorse    150000 non-null       int64
10  NumberOfDependents                      146076 non-null       float64
dtypes: float64(4), int64(7)
memory usage: 13.7 MB
None
```

通过 print(df0. isnull(). sum()) 语句输出数据集的缺失值信息,"MonthlyIncome"列包含 29 731 个缺失值,"NumberOfDependents"列包含 3 924 个缺失值,具体结果如下:

```
Out[2]:


SeriousDlqin2yrs                         0
RevolvingUtilizationOfUnsecuredLines     0
age0
NumberOfTime30-59DaysPastDueNotWorse     0
DebtRatio                                0
MonthlyIncome                            29731
NumberOfOpenCreditLinesAndLoans          0
NumberOfTimes90DaysLate                  0
NumberRealEstateLoansOrLines             0
NumberOfTime60-89DaysPastDueNotWorse     0
NumberOfDependents                       3924
dtype: int64
```

这里,使用 missingno 库中的 matrix() 函数,绘制数据集的缺失情况柱状图,如图 5-1 所示,图中黑色条纹表示数据未缺失,白色条纹表示数据有缺失,可以看出"MonthlyIncome、NumberOfDependents"两个字段数据缺失较为严重。

图 5-1　缺失值分布图

5.1.3　利用直方图查看数据分布

直方图可以直观地展示数据在每个区间分布的多少,接下来首先介绍三种直方图的绘制方式,然后采用其中一直方式,绘制数据集中每列数据分布的直方图,代码如下:

```
In[2]:#绘制直方图的 3 种方法

       fig =plt.figure(figsize=(15,5))
       sns.set(font_scale=1.5,font='SimHei',style='white') #设置字号大小、字体。
       plt.subplots_adjust(wspace =0.4) #调整各子图间间距。

       plt.subplot(131)
       df0['age'].plot(kind="hist",bins=20,color='white',ec='k',hatch='...')
       #利用 pandas 库绘制。
       plt.xlabel('年龄(岁)') #设置 X 轴名称。
       plt.ylabel('频数')      #设置 Y 轴名称。
       plt.title('pandas')     #添加标题。

       plt.subplot(132)
       plt.hist(x=df0['age'],bins=20,color='white',ec='k',hatch='///')
       #利用 Matplotlib 库绘制。
       plt.xlabel('年龄(岁)') #设置 X 轴名称。
       plt.ylabel('频数')      #设置 Y 轴名称。
       plt.title('Matplotlib'#添加标题。

       plt.subplot(133)
```

```
sns.distplot(df0['age'],
            bins=20,
            kde=False,
            color="black",
            hist_kws=dict(edgecolor="black"))  #利用 Seaborn 库绘制。
plt.xlabel('年龄(岁)')  #设置 X 轴名称。
plt.ylabel('频数')       #设置 Y 轴名称。
plt.title('seaborn')     #添加标题。
plt.show()
```

Python 中绘制直方图的方法有多种,这里给出了三种常用的方法,分别是使用 pandas 库、Matplotlib 库、seaborn 库的方法,结果如图 5-2 所示,可以看出,直方图的形状基本一致。

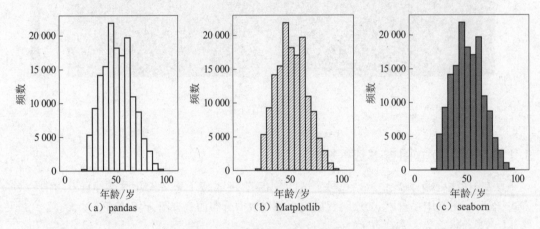

图 5-2　绘制直方图的三种方式

接下来将通过 pandas 库绘制数据集中各列数据分布的直方图,代码如下:

```
In[3]:#绘制各列数据直方图

    plt.figure(figsize=(40,35))
    plt.subplots_adjust(wspace=0.4, hspace=0.3)        #调整各子图间间距。
    plt.rcParams['axes.unicode_minus']=False           #用来正常显示负号。
    sns.set(font_scale=3,font='SimHei',style='white')  #设置字号大小、字体。
    for n,i in enumerate(df0.columns):
    #enumerate()函数用于将一个可遍历的数据对象组合为一个索引序列,同时列出数据和数据下标。
        plt.subplot(3,4,n+1)
        plt.title(i,fontsize=10) #绘制子图标题。
        df0[i].plot(kind="hist",bins=20,color='gray',ec='black') #直方图。
        plt.title(i) #添加标题。
    plt.show()
```

上述代码使用 pandas 库中的 plot()函数,绘制了数据集中各列数据的直方图,结果如图 5-3 所示,可以直观地看出,"SeriousDlqin2yrs"列仅包含"0"和"1"这两个标签,并且标签"1"占比较大。"age"列和"NumberOfOpenCreditLines AndLoans"列数据的分布相对均匀。其他列的数据大部分集中在 0 附近,较难通过直方图观察出数据特征。

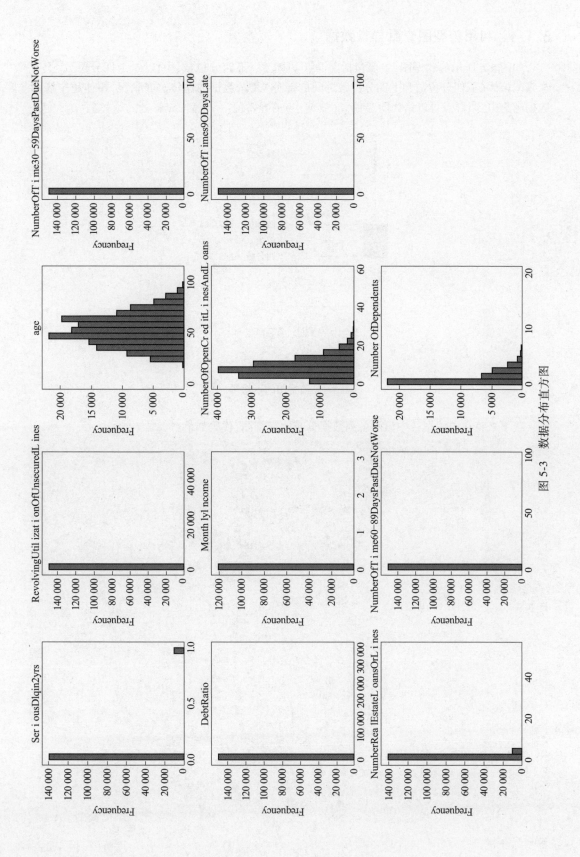

图 5-3　数据分布直方图

5.1.4　利用箱型图查看异常数据

　　如图 5-4 所示的箱型图,主要包括离群点、下边缘、下四分位数、中位数、上四分位数、上边缘等。箱体(下四分位数和上四分位数之间的部分)表示数据的整体分布情况,箱体越窄表示数据越集中,离群点可以认为明显偏大(或偏小)的异常值。

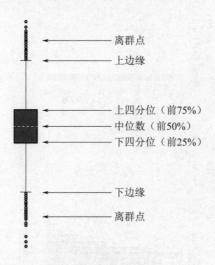

图 5-4　箱型图的示意图

　　接下来将在一张图片中显示各列数据分布的箱型图,代码如下:

```
In[4]:#同一张图中显示各列数据箱型图

    plt.figure(figsize=(40,20))
    sns.set(font_scale=5,font='SimHei',style='white') #设置字号大小、字体。
    df0.boxplot(
            patch_artist=True, #设置用自定义颜色填充盒形图,默认白色填充。
            boxprops = {"facecolor":"black"},#设置箱体填充色。
            flierprops = { "marker":"o",
                            "markerfacecolor":"gray",
                            "color":"black",
                            "markersize": 10},
                            #设置异常值属性:点的形状、填充色和边框色。
            medianprops = {"linestyle":"--","color":"white"},
            #设置中位数线的属性:线的类型和颜色。
            vert=False #箱型图横向显示。
            )
    plt.grid(linestyle="--", alpha=1)
    plt.xlabel('数据值')    #设置 X 轴名称。
    plt.ylabel('数据字段名') #设置 Y 轴名称。
    plt.show()
```

本节利用 boxprops() 函数,将数据集在相同坐标系下,通过箱型图进行展示,结果如图 5-5 所示。由图 5-5 可以看出,"MonthlyIncome"列的数据可以看到一定的箱体,其他列的数据几乎看不到箱体,这可能是由于各列数据量级的差异,很难在相同的坐标系下精确地查看每列数据的分布情况。

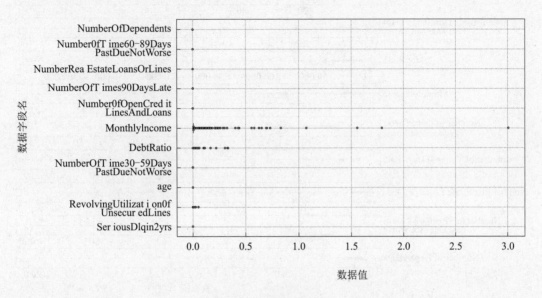

图 5-5　数据集箱型图

为了观察各列数据的分布情况,接下来将每列数据用箱型图单独显示,代码如下:

```
In[5]:#通过箱型图观察各字段异常情况

    plt.figure(figsize=(40,50))
    plt.subplots_adjust(hspace=1)
    plt.rcParams['axes.unicode_minus']=False          #用来正常显示负号。
    sns.set(font_scale=4,font='SimHei',style='white')#设置字号大小、字体。
    for n,i in enumerate(df0.columns):
        plt.subplot(12,1,n+1)
        df0[[i]].boxplot(patch_artist=True,
                        boxprops={'facecolor':'black'},
                        flierprops={'markersize':10},
                        vert=False) #设置箱体填充色为黑色。
        plt.yticks(fontsize=50) #设置 X 轴字体大小。
    plt.xlabel('数据值') #设置 X 轴名称。
    plt.show()
```

上述代码实现了将数据集中的每列数据用箱型图单独展示,结果如图 5-6 所示。可以看出,除了"age""NumberOfOpenCreditLinesAndLoans""NumberRealEstate LoansOrLines""NumberOfDependents"列数据出现了箱体,其他列的数据均无明显箱体,这可能是由于数据分布过于集中导致。

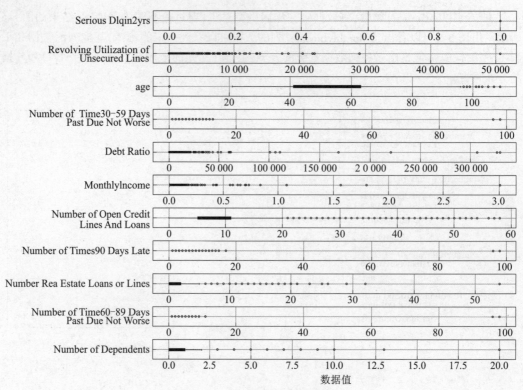

图 5-6 各列数据分布箱型图

5.1.5 异常值处理

本节中,将明显偏离某区间的数据,或者含有缺失值的数据作为异常值,并按表 5-3 的规则对异常值进行处理。

表 5-3 本节异常值处理方法表

列名	异常值处理方法	数学表示
RevolvingUtilizationOfUnsecuredLines	筛选出小于等于 1 的数据	<=1
DebtRatio	筛选出小于等于 1 的数据	<=1
age	筛选出介于 18 至 80 之间的数据	18<age<80
NumberOfTime30-59DaysPastDueNotWorse	筛选出小于 20 的数据	<20
NumberOfTime60-89DaysPastDueNotWorse	筛选出小于 20 的数据	<20
NumberOfTimes90DaysLate	筛选出小于 20 的数据	<20
MonthlyIncome	筛选出小于 100 000 且不为空的数据	<100 000
缺失值	对所在的行进行删除处理	

接下来用程序实现表 5-3 中的异常值处理方法,代码如下:

```
In[6]:#异常值处理

    df1 = df0[df0['RevolvingUtilizationOfUnsecuredLines']<=1]
    #筛选出"RevolvingUtilizationOfUnsecuredLines"列中小于等于 1 的数据。
    df1 = df1[df1['DebtRatio']<=1] #筛选出"DebtRatio"列中小于等于 1 的数据。
    df1 = df1[(df1['age']>18) & (df1['age']<80)]
    #筛选出"age"列中大于 18 小于 80 的行数据。
    df1 = df1[df1['NumberOfTime30-59DaysPastDueNotWorse']<20]
    #筛选出"NumberOfTime30-59DaysPastDueNotWorse"列中小于 20 的数据。
    df1 = df1[df1['NumberOfTime60-89DaysPastDueNotWorse']<20]
    #筛选出"NumberOfTime60-89DaysPastDueNotWorse"列中小于 20 的数据。
```

```
df1 = df1[df1['NumberOfTimes90DaysLate']<20]
#筛选出"NumberOfTimes90DaysLate"列中大于 20 的数据。
df1 = df1[(df1['MonthlyIncome']<100000) |df1['MonthlyIncome'].isna()]
#筛选出"MonthlyIncome"列中小于 100000 且不为空的数据。
df2 = df1.dropna() #删除所有缺失行数据。
print('共删除异常、缺失数据 ',len(df0)-len(df2),' 条。')
print(df2.info())
#df2.to_csv(r'……\02 预处理后的数据.csv') #保存预处理后的数据。
```

　　由于本例的数据量相对较大,为了简化模型,方便理解,因此直接将异常值和缺失值删除
(即筛选出特定条件的数据)。经过预处理,数据集变为 106 638 行、11 列,共删除异常、缺失的
数据 43 362 行,预处理后数据集的基本信息如下:

```
Out[6]:
共删除异常、缺失数据 43362 条。

<class 'pandas.core.frame.DataFrame'>
Int64Index: 106638 entries, 1 to 150000
Data columns (total 11 columns):
#   Column                                Non-Null Count     Dtype
---  ------                                --------------     -----
0   SeriousDlqin2yrs                      106638 non-null    int64
1   RevolvingUtilizationOfUnsecuredLines  106638 non-null    float64
2   age                                   106638 non-null    int64
3   NumberOfTime30-59DaysPastDueNotWorse  106638 non-null    int64
4   DebtRatio                             106638 non-null    float64
5   MonthlyIncome                         106638 non-null    float64
6   NumberOfOpenCreditLinesAndLoans       106638 non-null    int64
7   NumberOfTimes90DaysLate               106638 non-null    int64
8   NumberRealEstateLoansOrLines          106638 non-null    int64
9   NumberOfTime60-89DaysPastDueNotWorse  106638 non-null    int64
10  NumberOfDependents                    106638 non-null    float64
dtypes: float64(4), int64(7)
memory usage: 9.8 MB
None
```

5.1.6　利用小提琴图展示异常值处理后的数据

　　小提琴图结合了箱型图与核密度图的优势,不仅展示了数据的分位数,还展示了任意位置
的密度,可以更直观地观察数据分布的特征,接下来用小提琴图展示预处理后的数据集。

```
In[7]:#使用小提琴图展示预处理后的数据

    plt.figure(figsize=(40,40))
    plt.subplots_adjust(wspace =0.5, hspace =0.3)
    plt.rcParams['axes.unicode_minus']=False        #用来正常显示负号。
    sns.set(font_scale=3,font='SimHei',style='white') #设置字号大小、字体。
    for n,i in enumerate(df2.columns):
        plt.subplot(3,4,n+1)
        plt.title(i)
        plt.grid(linestyle='--')
        sns.violinplot(y=df2[i],color="lightgrey")
        plt.xlabel(i)            #设置 X 轴名称。
        plt.ylabel('数据值') #设置 Y 轴名称。
    plt.show()
```

　　本节使用 seaborn 库中的 violinplot( )函数绘制每列数据的小提琴图,如图 5-7 所示,可以看
出,各列数据的异常值在一定程度上有所减少。

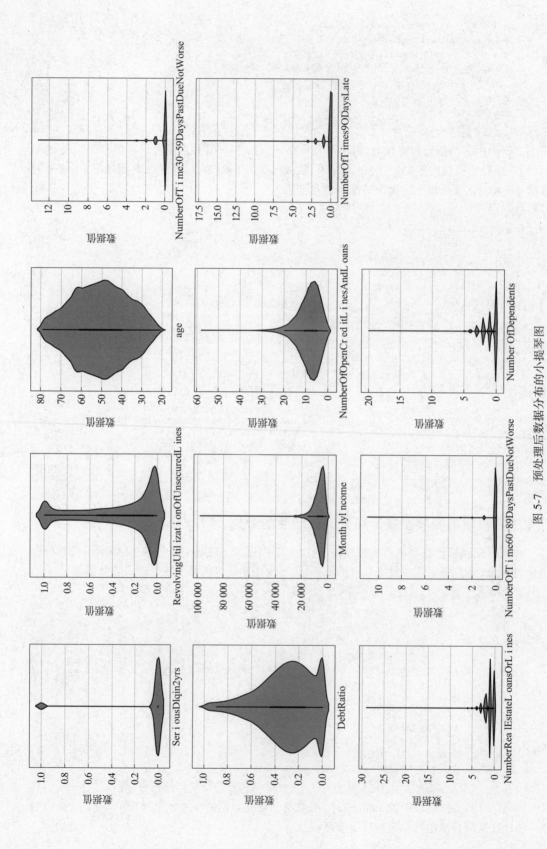

图 5-7　预处理后数据分布的小提琴图

5.2　利用决策树进行逾期风险预判

本节的主要目标则是基于前文预处理后的历史数据,训练一个决策树分类模型,并将该模型用于预判新的客户在未来两年内是否可能逾期。

5.2.1　决策树建模流程

建模的过程可以理解为将一个现实问题,转换为数学模型的过程。本节则是训练一个决策树分类模型,用于预判新的客户未来两年是否可能逾期。具体来看主要包括以下流程,如图 5-8 所示。

（1）数据预处理:主要包括利用可视化的方式查看数据特征,以及缺失值、异常值的处理等。

（2）决策树模型建模:主要包括变量选择,即特征值（模型中的自变量 X）的选择,标签值（模型中的因变量 Y,也即可能逾期的值）的选择。训练数据集和测试数据集的拆分。模型训练及结果解读。模型评估等。

（4）模型优化:主要包括数据均衡化、决策树的剪枝等。

最后,将优化好的模型用于预判新的用户未来两年是否可能逾期。

图 5-8　决策树建模
流程图

5.2.2　决策树原理简介

为了帮助读者更好地理解和使用决策树模型,本小节将用一个简单的示例,介绍决策树的基本原理。

1. 决策树的构成

决策树一般由根节点、内部节点、叶子节点等组成,如图 5-9 所示,决策树从根节点开始,按照一定的条件进行分裂,各个子节点按照该过程分裂,直到只剩下叶子节点为止。

2. 简单信贷虚拟数据案例

下面用一个简单的案例来解释决策树的生成。假设一家做信用贷款的金融机构打算通过分析借款人员的收入和负债情况,判断其会不会逾期还款。以往的部分借款人员的信息见表 5-4,这时就可以通过历史数据构建一个决策树模型,然后根据该模型判断新的借款人员会不会逾期还款。

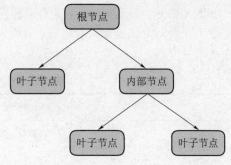

图 5-9　决策树的组成

表 5-4　部分借款人员的信息表

负　债	收　入	是否有逾期记录	负　债	收　入	是否有逾期记录
多	低	有逾期记录	少	高	无逾期记录
少	低	有逾期记录	少	低	无逾期记录
少	低	有逾期记录	多	低	无逾期记录
多	高	无逾期记录			

3. 根节点的选择

由于本案例的变量仅有收入还有负债,因此对根节点的选择也存在图 5-10 中的两种方式。

图 5-10　根节点的选择

如图 5-10(a)所示,按照负债多少进行分裂,左边节点负债多的有 3 人(1 人无逾期,2 人逾期),右边负债少的有 4 人(2 人无逾期,2 人逾期),表 5-5 为负责分类信息。

表 5-5　负债多少分类信息表

负　债	收　入	是否有逾期记录	负　债	收　入	是否有逾期记录
多	低	有逾期记录	少	低	有逾期记录
多	高	无逾期记录	少	高	无逾期记录
多	低	无逾期记录	少	低	无逾期记录
少	低	有逾期记录			

如图 5-10(b)所示,按照收入高低进行分裂(4 个无逾期,3 人逾期),左边节点低收入的有 5 人(2 人无逾期,3 人逾期),右边节点高收入的有 2 人(2 人无逾期,0 人有逾期),表 5-6 为收入分类信息。

表 5-6　"收入高低"分类信息表

负　债	收　入	是否有逾期记录	负　债	收　入	是否有逾期记录
多	低	有逾期记录	多	低	无逾期记录
少	低	有逾期记录	多	高	无逾期记录
少	低	有逾期记录	少	高	无逾期记录
少	低	无逾期记录			

4. 分裂效果判断

对于图 5-10 中的两种方式,哪种方式的分类效果更好呢? 为了保证在信息量最大的情况下分裂,这里定义了一个目标函数——信息增益 IG(D):

$$\mathrm{IG}(D) = I(D_{\mathrm{father}}) - \left[\frac{N_{\mathrm{left}}}{N} I(D_{\mathrm{left}}) + \frac{N_{\mathrm{right}}}{N} I(D_{\mathrm{right}}) \right] \tag{5-1}$$

信息增益即父节点和子节点之间的信息差异,子节点的杂质含量越低,信息增益就越大。信息增益越大,模型的分类效果就越好。

杂质含量 $I(D)$ 的度量可以采用熵、基尼系数等,这里采用熵进行解释:

$$I(D) = -\sum_{i=1}^{n} p_i \log_2 p_i \qquad (5\text{-}2)$$

其中,p_i 表示样本的概率。

下面对式(5-1)中各指标的含义进行解释:

$I(D_{\text{father}})$ 表示父节点的信息熵;

$I(D_{\text{left}})$ 表示子节点中左边节点的信息熵;

$I(D_{\text{right}})$ 表示子节点中右边节点的信息熵;

N_{left} 表示父节点分裂后左边子节点的数量;

N_{right} 表示父节点分裂后右边子节点的数量。

N 表示样本的总数量。

于是,如果采用图 5-10(a)中的方式,则各指标的取值为

$$I(D_{\text{father}}) = -\frac{3}{7}\log_2 \frac{3}{7} - \frac{4}{7}\log_2 \frac{4}{7} \approx 0.985$$

$$I(D_{\text{left}}) = -\frac{1}{3}\log_2 \frac{1}{3} - \frac{2}{3}\log_2 \frac{2}{3} \approx 0.918$$

$$I(D_{\text{right}}) = -\frac{2}{4}\log_2 \frac{2}{4} - \frac{2}{4}\log_2 \frac{2}{4} \approx 1$$

信息增益为

$$\text{IG} = 0.985 - \left(\frac{3}{7} \times 0.918 + \frac{4}{7} \times 1\right) \approx 0.02$$

如果采用图 5-10(b)中的方式,则各指标的取值为

$$I(D_{\text{father}}) = -\frac{3}{7}\log_2 \frac{3}{7} - \frac{4}{7}\log_2 \frac{4}{7} \approx 0.985$$

$$I(D_{\text{left}}) = -\frac{3}{5}\log_2 \frac{3}{5} - \frac{2}{5}\log_2 \frac{2}{5} \approx 0.971$$

$$I(D_{\text{right}}) = -\frac{2}{2}\log_2 \frac{2}{2} = 0$$

信息增益为

$$\text{IG} = 0.985 - \left(\frac{2}{7} \times 0 + \frac{5}{7} \times 0.971\right) \approx 0.291$$

综上可知,图 5-10(b)中的信息增益大于图 5-10(a)中的信息增益,因此,图 5-10(b)中的决策树优于图 5-10(a)中的决策树。

5. 决策树的生长

中间节点采用相同的方法进行分裂,直到只剩下叶子节点为止。最终生成的决策树如图 5-11 所示。

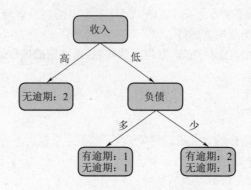

图 5-11　生成的决策树

6. 程序实现

接下来，将利用 Python 代码，实现上述推导过程，以检验程序运算和推导过程的差别，代码如下：

```
In[1]:import pandas as pd
      from pandas import Series
      import matplotlib.pyplot as plt
      import sklearn.tree as tree
      import graphviz
      import os

      df = pd.DataFrame({
              '负债':Series(['多','少','少','多','少','少','多']),
              '收入':Series(['低','低','低','高','高','低','低']),
              '是否有逾期记录?':Series(['是','是','是','否','否','否','否'])
                    })#生成上述案例数据。
      df.replace({'多':1,'少':0,'高':1,'低':0,'是':1,'否':0},inplace = True)
      #将汉字替换成可计算的数字。
      df.columns = ['debt','income','overdue?']
      #重新命名列名,改成英文,防止决策树中出现中文乱码。

      X = df[['debt','income']]#生成自变量数据。
      Y = df[['overdue?']]      #因变量。
      clf = tree.DecisionTreeClassifier(criterion='entropy')
      #创建决策树分类对象。
      clf.fit(X, Y)#模型训练。

      #决策树可视化——方法一
      plt.figure(figsize=(10, 10))
      tree.plot_tree(clf,feature_names=X.columns)
      plt.show()
```

本例中，首先将汉字字符数值化，然后利用 scikit-learn 机器学习库中的决策树模型进行训练，在模型训练后，使用 plot_tree( ) 函数进行决策树可视化，结果如图 5-12 所示，可以看出，通过程序生成的结果与手动推导的结果是一致的。

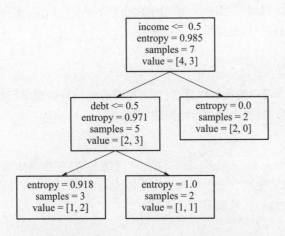

图 5-12　使用 plot_tree() 函数绘制的决策树图

　　在较大的数据集上,生成的决策树可能比较复杂,这里介绍另一种决策树可视化的方法,代码如下:

```
In[2]:#决策树可视化——方法二

      dot_data = tree.export_graphviz(clf,
                                      out_file=None,
                                      feature_names=X.columns,
                                      filled=True,
                                      rounded=True,
                                      )
      graph =graphviz.Source(dot_data)
      graph.render("…/03 简单模型") #保存结果,需要修改为计算机的路径。
```

　　除了使用 plot_tree() 函数绘制决策树,还可以使用 export_graphviz 导出器以 Graphviz 格式导出决策树。export_graphviz 导出器还支持多种图片渲染方式,包括按节点的类为节点着色,以及根据需要使用显式变量和类名。结果可以使用 render() 函数导出,并以 pdf 文件的形式保存,渲染后的决策树如图 5-13 所示。

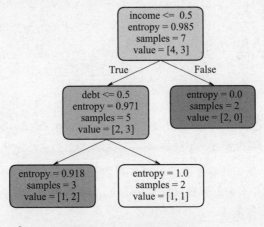

图 5-13　渲染后的决策树

本节介绍了决策树原理,并用一个简单的案例进行演示。当然,实际的情况比这个案例复杂得多,接下来将用更复杂的数据集进行演示。

5.2.3 模型实现

本节将基于机器学习中的决策树算法,对预处理后的信贷数据进行建模,以期可以准确地判断出哪些人可以贷款,哪些人将被拒绝发放贷款。

1. 特征选择

如果将数据集中"SeriousDlqin2yrs"(未来两年可能逾期)列数据作为因变量 Y,接下来的主要通过相关性分析,从其他列数据中选择相关性较低的几列数据作为自变量 X(特征值),并以此作为模型训练用的数据,代码如下:

```
In[1]:#导入相关库及特征选择

    import pandas as pd
    from pandas import Series
    import matplotlib.pyplot as plt
    import sklearn.tree as tree
    from sklearn.model_selection import train_test_split
    import graphviz
    import os
    import sklearn.metrics as metrics
    import seaborn as sns


    df = pd.read_excel(r'···/02 预处理后的数据.xlsx',sheet_name='Sheet1',
                       index_col=0) #读预处理后的数据。
    df_corr = df.corr() #计算相关系数。
    plt.figure(figsize=(70,55))
    plt.rcParams['axes.unicode_minus']=False        #用来正常显示负号。
    sns.set(font_scale=6,font='SimHei',style='white')#设置字号大小、字体等。
    sns.heatmap(df_corr,annot=True,fmt=".3f",linewidths=.5,cmap="gray_r",linecolor=
'black') #绘制相关系数矩阵热力图。
    plt.yticks(rotation=0) #设置 y 轴刻度文字的方向。
    plt.show()


    X = df.drop(['SeriousDlqin2yrs'],axis=1) #生成自变量,也就是函数中的 X。
    Y = df['SeriousDlqin2yrs']                #生成因变量,也就是函数中的 Y。
```

这里,通过 df.corr() 语句计算了数据集中各列数据的相关系数,结果如图 5-14 所示,可以看出各列数据的相关性并不高。因此,将"SeriousDlqin2yrs"列数据作为因变量 Y,其他列数据不做取舍,全部选择为自变量 X。

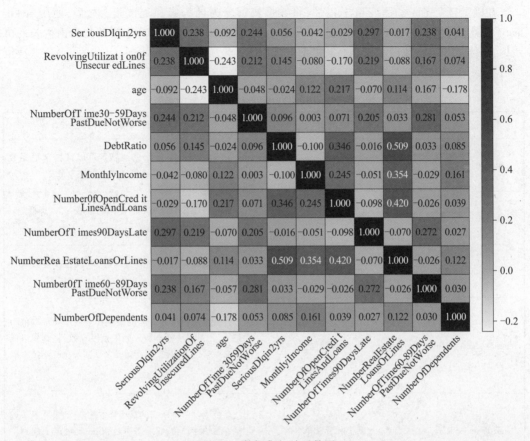

图 5-14 数据集相关系数图

2. 模型训练

接下来将特征选择后的数据,拆分成训练集、测试集,再带入决策树模型进行模型训练,代码如下:

```
In[2]:#模型训练

    train_X, test_X, train_Y, test_Y = train_test_split(X, Y, test_size=0.2,
        train_size=0.8) #将数据集拆分为训练集和测试集。
    clf = tree.DecisionTreeClassifier(criterion='gini')
    #初始化自由生长的决策树。
    clf.fit(train_X, train_Y) #模型训练。

    #决策树模型可视化
    dot_data = tree.export_graphviz(clf,
                                    out_file=None,
                                    feature_names=train_X.columns,
                                    class_names=['0','1'],
                                    filled=True,
                                    rounded=True,
                                    special_characters=True)
    graph = graphviz.Source(dot_data)
    graph.render("…/自由生长的决策树") #模型保存。
```

在确定自变量 X 和因变量 Y 以后,将数据集拆分为训练集和测试集。之后,使用 scikit-learn 机器学习库中的 DecisionTreeClassifier() 函数(参数可参考表 5-7)来初始化自由生长的决策树,并通过 fit() 函数在训练集上对模型进行训练。最后,使用 tree. export_graphviz() 完成决策树可视化,生成的决策树如图 5-15 所示。

表 5-7　DecisionTreeClassifier( )函数的参数

参数英文名称	参数中文名称	备注
criterion	分裂控制函数	用于控制分裂质量的函数。可以选择基尼系数(gini)、信息熵(entrop)等方式。默认为 gini
splitter	分裂策略	指定在每个节点分裂时使用的策略,可以选择 best 或 random。默认为 best
max_depth	最大深度	控制决策树生长的最大深度,可以选择整数或者 None。默认为 None
min_samples_split	最小样本拆分数	内部节点再拆分所需的最少样本数。如果取值为整数,则是最小样本数。如果是浮点数,将其乘以样本总数并向上取整,以确定分裂所需最小样本数。默认为 2
min_samples_leaf	最小叶节点样本数	要成为叶节点所需的最小样本数量,如果叶子节点样本数小于该值,将会被剪枝,在一定程度上起到了平滑模型的作用。默认为 1
min_weight_fraction_leaf	最小叶节点权重分数	要成为叶节点所需的样本权重总和的最小分数。如果未提供,则样本权重相等。默认为 0.0
max_features	最大特征数	用于寻找最佳分裂时考虑的特征数,可以选择 int,float,或者 auto、sqrt、log2。默认为 None
random_state	随机状态	控制估算器的随机性。默认为 None
max_leaf_nodes	最大叶子节点数	用于控制叶节点的最大数量,可以设置为整数。默认为 None
min_impurity_decrease	节点划分最小不纯度	这个值限制了决策树的生长。默认为 0
class_weight	类别权重	可指定不同类别的权重,可以用于避免在训练决策树时,某种类别的样本过多,导致结果偏向于这种类别。默认为 None
ccp_alpha	复杂性参数	用于执行最小代价复杂度剪枝的复杂性参数。默认为 0.0

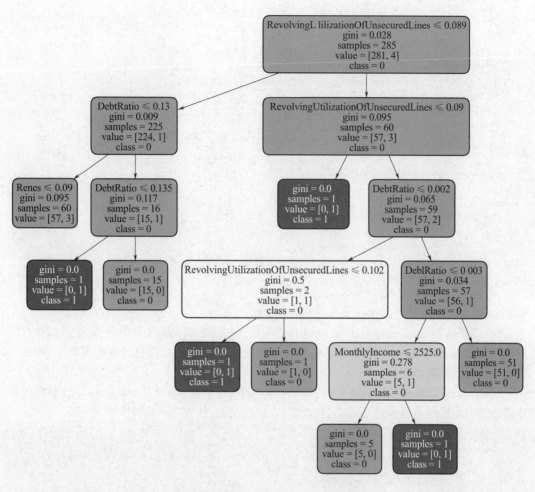

图 5-15　最终自由生长的决策树(部分)

决策树某一节点参数如图 5-16 所示,下面对该节点的各个参数做简要解释,以方便读者理解。

NumberOfTimes90DaysLate ≤ 0.5:表示对"NumberOfTimes90DaysLate"列的连续数据,这里采用 0.5 作为分割点,小于或等于 0.5 的归为决策树的 True 节点,大于 0.5 的归为决策树的 False 节点。

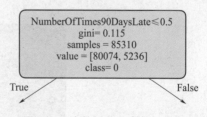

图 5-16　决策树节点参数示意图

gini = 0.115:表示这里采用基尼系数的方式,控制决策树的生长。该节点的基尼系数为 0.115。

samples = 85310:表示此时有 85 310 个样本。

value = [80074,5236]:表示在 85 310 个样本中,因变量标签为 0 的样本有 80 074 个,因变量标签为 1 的样本有 5 236 个。利用该值可以计算出该节点的基尼系数或熵。

class = 0:表示分类标签。

3. 模型评估

下面将用程序输出训练集、测试集的评估报告和混淆矩阵,代码如下:

```
In[3]:#训练集模型评估
        print(metrics.accuracy_score(train_Y,clf.predict(train_X)))
        #输出模型预测准确率,正确分类的比例。
        print(metrics.classification_report(train_Y,clf.predict(train_X)))
        #输出决策树模型的决策类评估指标。

        plt.figure(figsize=(40,40))
        sns.set(font_scale=8,font='SimHei') #设置字体大小、字体。
        confm_train = metrics.confusion_matrix(train_Y, clf.predict(train_X))
        sns.heatmap(confm_train.T,
                    square=True,
                    annot=True,
                    fmt="d",
                    cmap="gray_r",
                    linecolor='black',
                    linewidths=5) #绘制相关系数矩阵热力图。
        plt.xlabel('真实的标签')
        plt.ylabel('预测标签')
        plt.show()
```

这里,通过 metrics. classification_report()语句输出训练数据集的评估报告,这里可以重点关注报告中的 recall、accuracy 等值,输出模型的各个指标均接近于 1,这说明在训练集中,所有的数据均得到准确的分类。

通过 metrics. confusion_matrix()计算出训练集的混淆矩阵,再通过 sns. heatmap()对混淆矩阵进行热力图展示如图 5-17 所示,可以看出,在训练集上,样本几乎都被准确地分类。

```
Out[3]:
                    precision        recall        f1-score       support
            0         1.00           1.00           1.00          80120
            1         1.00           1.00           1.00           5190

     accuracy                                       1.00          85310
     macroavg         1.00           1.00           1.00          85310
  weightedavg         1.00           1.00           1.00          85310
```

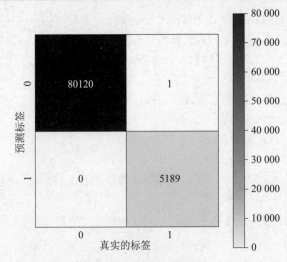

图 5-17　训练集混淆矩阵

关于评估报告中各个参数的含义,部分指标可参考表 5-8 及图 5-18 进行理解。

表 5-8　评估报告各参数的含义

指标名称	指标含义	计算公式
准确率 （accuracy）	模型整体的准确性或正确预测的比例。可以理解为正确预测的样本数量,占总样本的数量的比例	$accuracy = \dfrac{TP+TN}{TP+TN+FP+FN}$
精确度 （precision）	表示被预测为阳性的样本中,正确的比例	$precision = \dfrac{TP}{TP+FP}$
召回率 （recall）	表示阳性样本中,正确预测的比例	$recall = \dfrac{TP}{TP+FN}$
f1−score	准确率和召回率的调和平均值	$f1-score = 2 \times \dfrac{precision \times recall}{precision+recall}$
support	表示该类别中样本的数量	

表 5-8 中各个公式中参数的含义,用二元的分类结果进行解释。各个参数含义如下:

真阳性(TP):数据集中,原本类别为 0,被正确预测为 0 的数量。

真阴性(TN):数据集中,原本类别为 1,被正确预测为 1 的数量。

假阳性(FP):数据集中,原本类别为 1,被错误的预测为 0 的数量。

假阴性(FN):数据集中,原本类别为 0,被错误的预测为 1 的数量。

接下来,用同样的方法,输出测试集的评估报告和混淆矩阵,代码如下:

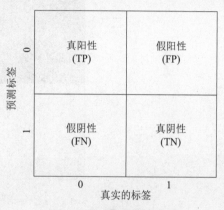

图 5-18　混淆矩阵示意图

```
In[4]:#测试集模型评估

    print(metrics.accuracy_score(test_Y,clf1.predict(test_X)))
    #输出模型预测准确率,正确分类的比例。
    print(metrics.classification_report(test_Y,clf1.predict(test_X)))
    #输出决策树模型的决策类评估指标。

    plt.figure(figsize=(40, 40))
    sns.set(font_scale=8,font='SimHei') #设置字体大小、字体。
    confm_test = metrics.confusion_matrix(test_Y, clf1.predict(test_X))
    sns.heatmap(confm_test.T,
                square=True,
                annot=True,
                fmt="d",
                cmap="gray_r",
                linecolor='black',
                linewidths=10) #绘制相关系数矩阵热力图。
    plt.xlabel('真实的标签')
    plt.ylabel('预测标签')
    plt.show()
```

运用同样的方法输出测试数据的评估报告,以及混淆矩阵如图 5-19 所示。此时模型的总体准确率(accuracy)降到 0.90。标签为 1 的 recall 值降为 0.24,说明标签为 1 的数据有大量被错误分类。由此可以看出,在本数据集上,自由生长的决策树模型过拟合较为严重。

Out[4]:				
	precision	recall	f1-score	support
0	0.95	0.95	0.95	20013
1	0.23	0.24	0.23	1315
accuracy			0.90	21328
macroavg	0.59	0.59	0.59	21328
weightedavg	0.91	0.90	0.90	21328

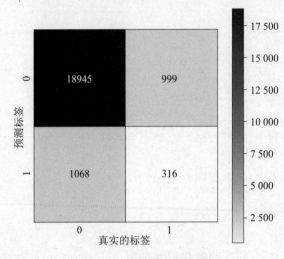

图 5-19　测试集混淆矩阵

5.2.4　模型优化

本节将模拟业务场景,对模型进行优化。假设一家金融机构,想要通过自动化审核的手段提高工作效率,于是想设计一套自动审核系统,希望该系统审核通过的申请人,尽可能不会出现逾期。该场景下,需求转换成模型要尽可能准确地预判出可能逾期的人员。表现在模型评估报告中,即标签"1"的 recall 值尽可能接近 1,表现在混淆矩阵中,即真实标签"1"被预测为标签"1"的数量尽可能多。

接下来,将使用"数据均衡化处理、决策树剪枝"等方法,对模型进行优化,以达到该目的。

1. 利用饼图查看数据分布比例

在上一小节,我们看到模型在训练集、测试集的平均准确率都达到 90% 以上,但这可能是由数据分布不均衡导致的。接下来将统计"SeriousDlqin2yrs"(未来两年可能逾期)列数据的分布情况,以直观观察该列数据的分布比例,代码如下:

```
In[5]:#逾期数据分布饼图

    fig = px.pie(
            names = df['SeriousDlqin2yrs'].value_counts().index,
            values = df['SeriousDlqin2yrs'].value_counts()[:],
```

```
                color_discrete_sequence=px. colors. sequential. Greys #黑白图。
                )
    fig. update_traces(marker=dict(line=dict(color='black', width=1)))
    fig. show()
```

通过图 5-20,可以看到"SeriousDlqin2yrs"(未来两年可能逾期)列数据分布的并不均衡,标签为"1"的数据占比较小(仅为 6.1%),这意味着忽略该类数据的判断准确率,便可以在总体上达到较高的准确率

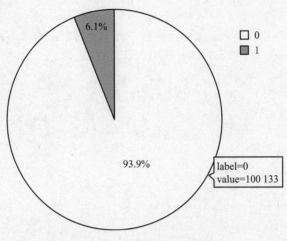

图 5-20　逾期数据分布饼图

2. 数据均衡化

接下来,将对决策树模型进行参数控制,达到数据均衡化的目的,代码如下:

```
in[6]:#数据均衡化

    clf2 = tree. DecisionTreeClassifier( criterion='gini',
    class_weight="balanced")
    #通过 class_weight="balanced"参数进行均衡化处理。
    clf2. fit(train_X, train_Y) #模型训练。

    print(metrics. classification_report(test_Y,clf2. predict(test_X)))
    #输出模型均衡化后训练集模型评估报告。
```

为了解决数据不均衡的问题,在 DecisionTreeClassifier() 函数中增加参数 class_weight = "balanced",对模型进行均衡化处理。模型经过重新训练后,测试集数据的评估报告如下:

标签为"1"的 recall 值变为 0.21,改进效果并不明显。

```
Out[6]:
```

	precision	recall	f1-score	support
0	0.95	0.95	0.95	19973
1	0.22	0.21	0.21	1355
accuracy			0.90	21328
macroavg	0.58	0.58	0.58	21328
weightedavg	0.90	0.90	0.90	21328

3. 决策树剪枝

下面,将控制决策树的深度、叶节点等参数,实现对决策树的剪枝,代码如下:

```
in[7]:#决策树剪枝

        clf3 = tree.DecisionTreeClassifier(criterion='gini',
                                           class_weight="balanced",
                                           max_depth=5,
                                           max_leaf_nodes=8)
                                  #将决策树的深度为5,最大叶节点设置为8。
        clf3.set_params(* * {'class_weight': {0:1, 1:50}})
        #对不同的因变量进行权重设置。
        clf3.fit(train_X, train_Y) #模型训练。

        print(metrics.classification_report(test_Y,clf3.predict(test_X)))
        #输出剪枝后训练集模型评估报告。
        plt.figure(figsize=(40, 40))
        sns.set(font_scale=8,font='SimHei') #设置字体大小、字体。
        confm_test = metrics.confusion_matrix(test_Y, clf3.predict(test_X))
        sns.heatmap(confm_test.T,
                    square=True,
                    annot=True,
                    fmt="d",
                    cmap="gray_r",
                    linecolor='black',
                    linewidths=10) #绘制相关系数矩阵热力图。
        plt.xlabel('真实的标签')
        plt.ylabel('预测标签')
        plt.show()
```

为了对决策树进行剪枝,在使用 DecisionTreeClassifier() 函数建模时,通过控制参数 max_depth 的大小来决定决策树的生长的深度,参数 max_leaf_nodes 的大小决定了叶子节点的数量,同时通过 clf3.set_params() 语句中的参数 class_weight 控制因变量的权重,实现决策树的剪枝。

经过反复试验,决策树的深度、叶节点的数量分别为 5 和 8,因变量 0 和 1 的权重比例设为 1:50,整个模型输出报告数据相对较好。

经过均衡化处理、决策树剪枝等操作,在测试集中,模型的评估报告如下:

混淆矩阵如图 5-21 所示。可以看出标签为"1"的 recall 值提升到 0.92,虽然标签"0"的 recall 值降为 0.45,但这种分类结果可能更贴合业务需求。

```
Out[7]:
              precision        recall        f1-score        support

        0       0.99           0.45          0.62            19973

        1     0.10 0.92         0.18                         1355
```

			0.48	21328
accuracy				
macroavg	0.55	0.69	0.40	21328
weightedavg	0.93	0.48	0.59	2132

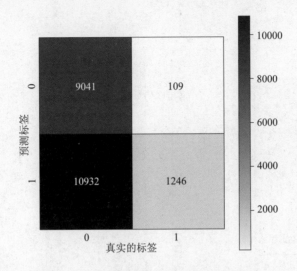

图 5-21　测试集数据混淆矩阵(模型优化后)

4. 优化后的决策树可视化

最后,将优化后的决策树进行可视化展示,代码如下:

```
in[8]:#优化后的决策树可视化

    dot_data3 = tree.export_graphviz(clf3,
                                    out_file=None,
                                    feature_names=train_X.columns,
                                    class_names=['0','1'],
                                    filled=True,
                                    rounded=True,
                                    special_characters=True)
    graph3 = graphviz.Source(dot_data3)
    graph3.render(r"……\优化后的决策树")
```

而优化后的决策树如图 5-22 所示,可以看出优化后的决策树深度变为 5、叶节点只有 8 个,其比优化前更为简洁。

至此,通过数据均衡化、决策树剪枝等方法,对模型进行了优化,实现了基于决策树模型的逾期风险预判,尽管模型还不完美,但是也在向目标逐步靠近。有兴趣的读者,可以通过数据集抽样、选择其他机器学习模型等方法,对模型进行进一步优化,进而达到更好的效果。

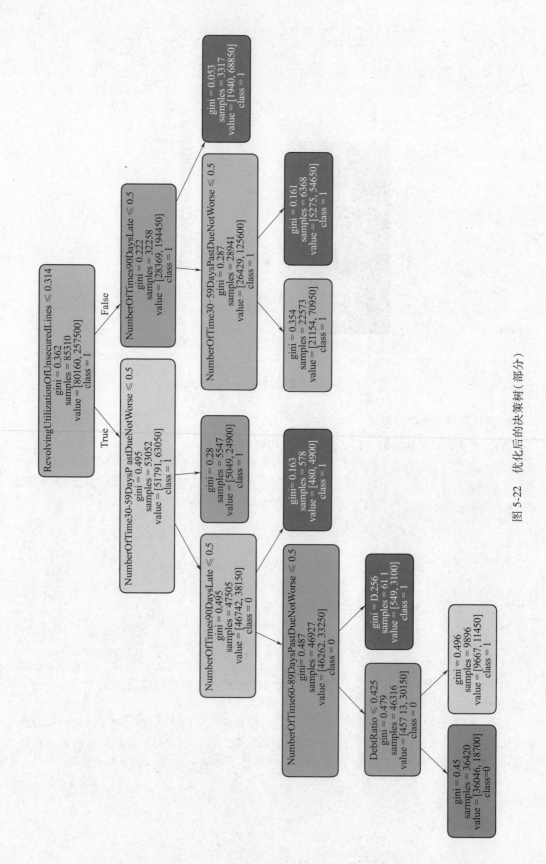

图 5-22 优化后的决策树（部分）

—— 本章小结 ——

　　本章首先利用直方图、箱型图、小提琴图等对数据集进行可视化展示,并对异常数据进行预处理。在数据预处理之后,利用机器学习库(scikit-learn 库)中的决策树函数,实现了决策树模型的建模,以及模型的可视化。在对结果进行评估后,采用数据均衡化处理、决策树剪枝等操作,对决策树的模型进行了优化,优化后的模型效果得到进一步提升。

　　本章的目的主要是通过示例介绍决策树模型的建模过程,对其中的一些细节进行了省略,模型的效果离实用可能还存在一定差距,感兴趣的读者可以继续完善。

第6章

利用AP聚类算法识别电商平台刷单行为

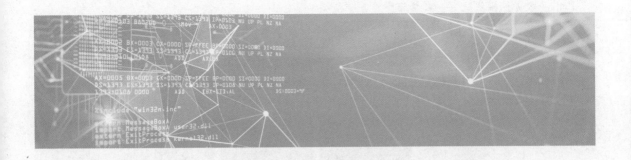

随着互联网的发展,互联网公司也面临着越来越激烈的竞争环境,部分公司和个人可能会通过数据造假来粉饰业绩。比如:短视频刷点赞、电商平台刷交易量、点评网站刷好评、游戏公司自充值等时有发生。如何识别刷单已是各类互联网平台面临的重要挑战。本章主要聚焦电商平台刷评论问题,首先通过数据建模,将如何识别刷单的问题转换成文本数据处理问题。接着进行数据的探索性分析,从商品颜色、商品尺码、评论时间等的角度,统计并判断数据的合理性,进而判断是否存在刷单嫌疑。最后通过机器学习中的聚类算法,将评论类文本数据进行AP聚类,筛选出疑似刷单评论。

6.1 数据建模

如何识别电商平台刷单?当您第一次面对这个问题时,可能会无从下手,稍加思考并结合以往的经历,或许可以给出一些模糊的答案,比如:通过查看某账户是否在短时间内有多笔交易、查看多个购物者的 IP 是否为相同 IP、查看收货地址是否异常等等。本节,将从问题转换、数据获取、建模工具等角度入手,将一个现实问题转换成数据分析问题。

6.1.1 问题转换思路

作为一名数据分析师,或许可以尝试从数据的角度寻找突破口。那么如何将这个现实问题转换成一个数据处理问题呢?这里我们遵循“化繁为简”的原则,也就是将这个综合性问题,拆解成多个小问题,先从解决某一个小问题入手,进而再扩大到整个问题的解决,具体流程如图 6-1 所示。

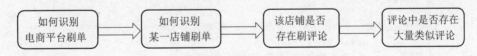

图 6-1 刷单示意图

首先,将“如何识别电商平台刷单?”这个大问题,转换为该平台中“某个具体店铺是否存在刷单行为?”。接着,将问题缩小为“该店铺是否存在刷评论行为?”。如果继续缩小问题,问题便转换成了“该店铺是否存在大量类似评论?”的问题。至此,我们将“如何识别电商平台刷单?”这个大的现实问题,转换成了“某个具体店铺的评论中是否存在大量类似评论”的文本数据处理问题。

那该如何判断某店铺是否存在大量类似评论呢?您可以尝试统计分析,机器学习中的分类、聚类,深度学习等方法。在 6.2 节中,我们利用统计分析的手段,实现了对疑似刷单的初步排查。在 6.3.2 小节中,我们设计了一套基于 AP 聚类的无监督机器学习算法,实现了对疑似刷评论的筛查。

6.1.2 数据获取

如何获取数据?可以尝试通过爬虫的方法,或者通过数据开放的平台、数据竞赛的网站下载等。而本章则是通过爬虫的方式获取，数据爬取自某电商平台某男装店铺内所有牛仔裤的评论网页。该店铺内共有 21 款牛仔裤产品，部分商品如图 6-2 所示，可以看出很多商品的评论数均在 1 000 条以上。

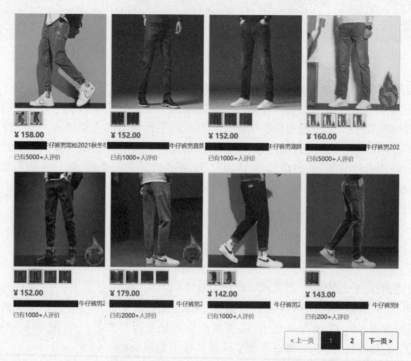

图 6-2　数据来源网站部分商品示意图

店铺内某商品的部分评论如图 6-3 所示。

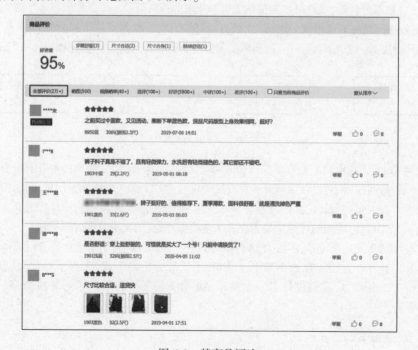

图 6-3　某商品评论

通过爬虫的方式,获取了该店铺内所有牛仔裤(21 款)的评论数据,最终爬取的数据见表 6-1。

表 6-1　牛仔裤评论数据集(部分)

评论时间	评论内容	颜色	尺码	商品编号
2021-05-02 13:53:28	特别帅气的一款裤子,还不错,穿起来很舒服,也很好看	灰色	XL	1000103××××
2021-12-18 16:20:41	我的身高体重:身高 172,体重 168。 尺码大小:XL。 弹性大小:弹性挺好,微弹。 面料材质:面料柔软很舒服。 版型设计:版型很正,非常喜欢	灰色	XL	1000103××××
2021-06-24 20:06:42	裤子大小很合身,手感很好,上身也不错,弹力很好,厚度挺好的,除了夏天穿有点厚以外,其他季节穿都很合适的,总体来说都很值得的	灰色	XL	1000103××××
2021-12-06 16:51:47	超喜欢××的配送速度,隔天就送到家门口了。商品很好,没有多余线头杂物等东西在裤子上面,做工可以,幸好买大一个码,不然会比较紧一点	灰色	XL	1000103××××
2021-05-15 22:43:25	首先感谢客服,感谢客服很耐心地为我解答所有问题,其次就是裤子的质量,穿了一段时间才来评价,说句心里话,真心不错,舒适度很好,弹性好,感谢商家,感谢××,我会一如既往地为××点赞,愿商家生意兴隆。祝福××越来越好! 加油哦	灰色	2XL	1000103××××
2021-04-24 09:03:21	我的身高体重:175、65。 尺码大小:30。 弹性大小:很不错。 面料材质:非常舒适。 舒适程度:非常舒适。 版型设计:非常时尚。 这是一款相当不错的产品,希望大家不要错过! 买到就是赚到	蓝色	L	1000103××××

6.1.3　建模工具

假设现在您已经成功获取了数据,那么应该使用什么工具来建模呢? 尽管可能存在多种建模工具,本章依旧使用较为灵活的编程语言 Python 来实现,而作者用到的编程环境如下:

(1) 电脑配置:Windows 10 64 位操作系统,内存 16GB。

(2) 编程环境:Python 3. 9. 7,Anaconda 软件下的 Jupyter Notebook。

(3) 用到的依赖库:除了常用到 NumPy、pandas、Matplotlib、seaborn、plotly 等库之外,还用到了 wordcloud 词云库,sklearn 机器学习库等。这些库基本上都可以通过在 Anaconda Prompt 下输入"pip install 库名"的方式进行安装,但随着 Python 版本的升级,部分库可能存在不适配的问题,就可能需要您通过其他方式进行安装,比如,下载到本地、库升级等方式如图 6-4 所示。

```
选择Anaconda Prompt (Anaconda3)
(base) C:\Users\ASUS>pip install --user --upgrade scikit-learn
WARNING: Ignoring invalid distribution -mpy (c:\programdata\anaconda3\lib\site-packages)
WARNING: Ignoring invalid distribution -ikit-learn (c:\programdata\anaconda3\lib\site-packages)
WARNING: Ignoring invalid distribution -umpy (c:\programdata\anaconda3\lib\site-packages)
WARNING: Ignoring invalid distribution -mpy (c:\programdata\anaconda3\lib\site-packages)
WARNING: Ignoring invalid distribution -ikit-learn (c:\programdata\anaconda3\lib\site-packages)
WARNING: Ignoring invalid distribution - (c:\programdata\anaconda3\lib\site-packages)
WARNING: Ignoring invalid distribution -cikit-learn (c:\programdata\anaconda3\lib\site-packages)
WARNING: Ignoring invalid distribution -mpy (c:\programdata\anaconda3\lib\site-packages)
WARNING: Ignoring invalid distribution -ikit-learn (c:\programdata\anaconda3\lib\site-packages)
WARNING: Ignoring invalid distribution -umpy (c:\programdata\anaconda3\lib\site-packages)
WARNING: Ignoring invalid distribution -mpy (c:\programdata\anaconda3\lib\site-packages)
WARNING: Ignoring invalid distribution -ikit-learn (c:\programdata\anaconda3\lib\site-packages)
WARNING: Ignoring invalid distribution - (c:\programdata\anaconda3\lib\site-packages)
WARNING: Ignoring invalid distribution -cikit-learn (c:\programdata\anaconda3\lib\site-packages)
Requirement already satisfied: scikit-learn in c:\programdata\anaconda3\lib\site-packages (0.24.2)
Collecting scikit-learn
  Using cached scikit_learn-1.0.2-cp39-cp39-win_amd64.whl (7.2 MB)
Requirement already satisfied: joblib>=0.11 in c:\programdata\anaconda3\lib\site-packages (from scikit-learn) (1.1.0)
Requirement already satisfied: numpy>=1.14.6 in c:\users\asus\appdata\roaming\python\python39\site-packages (from scikit-learn)
 (1.21.4+mkl)
Requirement already satisfied: threadpoolctl>=2.0.0 in c:\programdata\anaconda3\lib\site-packages (from scikit-learn) (2.2.0)
Requirement already satisfied: scipy>=1.1.0 in c:\programdata\anaconda3\lib\site-packages (from scikit-learn) (1.7.1)
WARNING: Ignoring invalid distribution -mpy (c:\programdata\anaconda3\lib\site-packages)
WARNING: Ignoring invalid distribution -ikit-learn (c:\programdata\anaconda3\lib\site-packages)
WARNING: Ignoring invalid distribution -umpy (c:\programdata\anaconda3\lib\site-packages)
WARNING: Ignoring invalid distribution -mpy (c:\programdata\anaconda3\lib\site-packages)
WARNING: Ignoring invalid distribution -ikit-learn (c:\programdata\anaconda3\lib\site-packages)
WARNING: Ignoring invalid distribution - (c:\programdata\anaconda3\lib\site-packages)
WARNING: Ignoring invalid distribution -cikit-learn (c:\programdata\anaconda3\lib\site-packages)
Installing collected packages: scikit-learn
Successfully installed scikit-learn-1.0.2
```

图 6-4　依赖库更新图

6.2 探索性数据分析

本节主要对数据集进行探索性分析，从商品颜色、商品尺码、评论时间、评论内容等方面，对数据集进行可视化分析。而商品颜色、商品尺码、评论时间分布情况，在一定程度上也能反映是否存在疑似刷单行为。评论内容分析主要采用词袋模型进行分析，并通过词云图进行直观地展示。

6.2.1 商品颜色分析

在进行数据分析前，首先导入必要的依赖库，并浏览数据集的基本信息，代码如下：

```
In[1]:#读取数据评论数据集

    import numpy as np
    import pandas as pd
    import matplotlib.pyplot as plt
    import seaborn as sns
    from PIL import Image
    importwordcloud
    import plotly.express as px
    fromsklearn.feature_extraction.text import CountVectorizer
    fromsklearn.feature_extraction.text import TfidfTransformer
    fromsklearn.feature_extraction.text import TfidfVectorizer

    df0 = pd.read_excel(r'……\01 牛仔裤数据集.xlsx') #读取数据。
    print(df0.info()) #快速浏览数据集基本信息。
```

在导入 pandas 等必要的依赖库之后，这里通过 print(df0.info()) 语句打印了数据集的基本情况。通过打印内容可以看出，数据集包含了“评论时间、评论内容、颜色、尺码、商品编号”5 列 9950 行的数据，数据集不存在缺失数据，结果如下：

```
Out[1]:

<class 'pandas. core. frame. DataFrame'>
RangeIndex: 9950 entries, 0 to 9949
Data columns (total 5 columns):
 #     Column        Non-Null Count      Dtype
---    ------        --------------      -----
 0     评论时间        9950 non-null       object
 1     评论内容        9950 non-null       object
 2     颜色           9950 non-null       object
 3     尺码           9950 non-null       object
 4     商品编号        9950 non-null       int64
dtypes: int64(1), object(4)
memory usage: 388.8+ KB
None
```

在对数据集有了基本的认识之后，这里通过统计的方法，查看哪种颜色的牛仔裤评论数量相对较多，代码如下：

```
In[2]:#"颜色"列数据统计

     color = df0["颜色"]. value_counts()
     print(color)
```

这里通过 value_counts() 函数，统计出了数据集中"颜色"列数据的分布情况，可以看出"蓝色"牛仔裤评论数量达 2926 条、黑色达 1881 条。但是结果中还出现了"062 黑灰、2167 黑色加绒"等字样，这给统计结果带来了一定偏差，结果如下：

```
Out[2]:

蓝色            2926
黑色            1881
灰色             996
黑灰色            961
062 黑灰         959
浅蓝色            469
深蓝色            442
靛蓝色            436
蓝色加绒           294
2167 黑色加绒      166
蓝灰色            125
2167 黑色        109
黑色加绒            62
黑灰色加绒           41
藏灰蓝色            24
061 深灰          21
062 黑灰色加绒       19
雅黑色             12
```

2166 灰色	5
061 深灰色加绒	1
烟灰色	1

Name: 颜色, dtype: int64

为了更加直观地观察商品颜色("颜色"列数据)的分布情况,这里通过饼图进行展示,代码如下:

```
In[3]:#"颜色"列数据分布饼图

    df0['颜色'].replace({'062 黑灰':'黑灰色',
                        '2167 黑色加绒':'黑色加绒',
                        '2167 黑色':'黑色',
                        '061 深灰':'深灰色',
                        '062 黑灰色加绒':'黑灰色加绒',
                        '2166 灰色':'灰色',
                        '061 深灰色加绒':'深灰色加绒'},
                        inplace = True) #统一颜色称呼。
    fig = px.pie(names=df0['颜色'].value_counts().index,
                values=df0['颜色'].value_counts()[:],
                color_discrete_sequence=px.colors.sequential.gray
                #设置为灰度显示。
                ) #绘制饼图。
    fig.update_traces(marker=dict(line=dict(color='white',width=1)))
    fig.show()
```

为了更加准确地统计商品颜色("颜色"列数据)的分布情况,这里将"062 黑灰、2167 黑色加绒"等字段,通过 replace()替换的方式,转换成统一的"黑灰色、黑色加绒"等颜色称呼。最后通过饼图如图 6-5 所示的方式,展示各种颜色牛仔裤的评论数量。

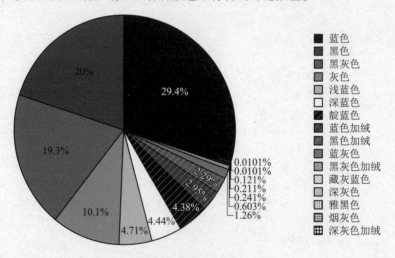

图 6-5　颜色分布饼图

可以看出,蓝色牛仔裤评论最多(也可以认为是销量最高),占比达 29.4%,黑色占比 20%、黑灰色占比 19.3%。"蓝色、黑色、黑灰色"三种颜色的评论数量之和占比接近 70%,这也和我们的直观认识(蓝色、黑色等牛仔裤较受市场欢迎)比较接近,可以从商品颜色的角度,初步排除刷单情况。

6.2.2　商品尺码分析

这里通过统计方法,分析商品尺码("尺码"列数据)的分布情况,代码如下:

```
In[4]:#"尺码"列数据统计

    size = df0["尺码"].value_counts()
    print(size)
```

这里依旧通过 value_counts() 函数,统计出商品尺码("尺码"列数据)的分布情况,可以看出尺码为"31"的牛仔裤评论量最高,达到 6543 条。但由于"尺码"列数据中出现了"31、32、33"和"L、XL、2XL"两种标准,这可能给统计带来一定偏差,结果如下:

```
Out[4]:

31        6543
32        1415
XL        1066
33         210
30         163
34         142
36         120
29          89
28          55
38          51
40          26
2XL         17
L           17
3XL         14
M           10
4XL          9
27           2
35           1
Name:尺码,dtype: int64
```

为了更直观地观察商品尺码("尺码"列数据)分布情况,这里通过直方图的方式进行展示,代码如下:

```
In[5]:#"尺码"列数据直方图

    df0['尺码'].replace({'M':30,'L':31,'XL':32,'2XL':33,'3XL':34,'4XL':35},
                       inplace = True)
                   #对应关系:M   L   XL  2XL  3XL  4XL
                   #          30  31  32   33   34   35
    df0['尺码'] = df0['尺码'].astype("int")#字符类型转换为整数类型。

    plt.figure(figsize=(10,6))
```

```
sns.set(font_scale=1.5,font='SimHei',style='white')
#设置字号大小、字体(这里是黑体)。
df0["尺码"].plot(kind="hist",
                bins=30,
                color="black",
                edgecolor="black",
                density=True) #绘制直方图。
df0["尺码"].plot(kind="kde",color="red")#核密度图。
plt.xlabel('尺码',labelpad=10)    #设置X轴名称。
plt.show()
```

为了更精确地统计商品尺码("尺码"列数据)分布情况,这里按照"M L XL 2XL 3XL 4XL"和"30 31 32 33 34 35"的对应关系,通过 replace()替换函数,将字母尺码,转换成数字尺码。接着,通过 astype("int") 函数,将字符数据转换为整数型数据。最后,通过直方图的方式,展现了数据集中"尺码"列的数据分布情况。如图 6-6 可以看出该列数据主要分布于 30 至 35,这也和我们的直观认识相吻合,未出现明显异常(疑似刷单信息)。

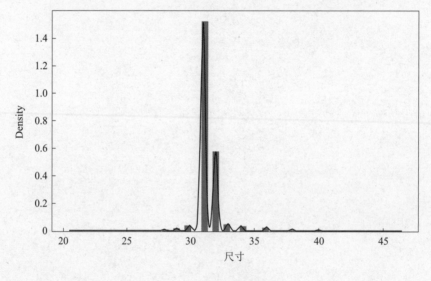

图 6-6 尺码分布直方图

6.2.3 评论时间异常分析

这里尝试以小时为单位,查看 24 小时内,各个小时时间段内评论数量的走势情况,代码如下:

```
In[6]:#评论时间分析

    df0['评论时间'] = pd.to_datetime(df0['评论时间'], errors = 'ignore')
    #增加"时间"列(时间序列数据)。
    df0['hour'] = df0['评论时间'].dt.hour
    #从"时间"列中选取小时数,方便后续按小时统计评论数量。
    df0
```

这里，首先通过 pd. to_datetime ()语句，将"评论时间"列的时间数据，转换为 Python 中的时间序列的数据格式。接着，通过 df0['评论时间']. dt. hour 语句，选取时间中的小时数据。生成结果如图 6-7 所示。

	评论时间	评论内容	颜色	尺码	商品编号	hour
0	2021-05-02 13:53:28	特别帅气的一款裤子，还不错，穿起来很舒服，也很好看。	灰色	32	100010******	13
1	2021-12-18 16:20:41	我的身高体重: 身高172, 体重168…	灰色	32	100010******	16
2	2021-06-24 20:06:42	裤子大小很合身，手感很好，上身个也不错，弹力很好，…	灰色	32	100010******	20
3	2021-12-06 16:51:47	超喜欢**配送速度，隔天就送到家门口了?商品很好，…	灰色	32	100010******	16
4	2021-05-05 22:43:25	首先感谢客服，感谢客服很有耐心的为我解答所有问题，…	灰色	33	100010******	22
…	…	…	…	…	…	…
9945	2022-01-17 10:53:20	非常满意的一次购物体验，质量很好，穿起来非常的舒服，…	黑色	32	100018******	10
9946	2022-01-24 13:27:48	裤子已经收到了，质量真的很好，客服态度也不错，…	黑色	32	100018******	13
9947	2022-01-20 17:50:23	裤子真的很好。一点也没有什么异味，包装的也很完整，…	黑色	32	100018******	17
9948	2022-01-27 21:14:18	值得五星好评，老板的态度也特别的好，给他点个赞。	黑色	32	100018******	21
9949	2022-01-28 09:02:55	裤子收到了，真的很好，质量不错，穿起来非常的舒服，…	黑色	32	100018******	9

9950 rows × 6 columns

图 6-7　评论时间数据表

为了更直观地观察评论的小时分布情况，这里将各个小时时间段内的评论数量，经过统计后，通过柱状图进行展示，代码如下：

```
In[7]:#评论时间统计图

    date_hour=df0["hour"].value_counts() #每小时评论数量统计。
    date_hour1 = date_hour.sort_index()  # 按升序重新排序。
    x = date_hour1.index  #x 轴数据,方便后续做柱状图。
    y = date_hour1       #y 轴数据。


    plt.figure(figsize=(20,10))
    sns.set(font_scale=2,font='SimHei',style='white') #设置字体大小、类型等。
    plt.bar(x,y,width=0.5,color='black')
    plt.plot(x,y, color='black', linewidth=2) #绘制折线图。
    for a, b in zip(x, y): #添加数据标签。
        plt.text(a, b, '%.0f' % b, ha='center', va='bottom', fontsize=18)
    plt.xlabel('时间(时)',labelpad=10) #设置 X 轴名称。
    plt.ylabel('评 \n 论 \n 数 \n(条)',rotation=360,labelpad=30)
    #设置 Y 轴名称,并让标签文字上下显示。
    plt.show()
```

这里，首先利用 value_counts ()函数，统计出了各个小时时间段内，评论的具体数量，再通过柱状图进行展示通过图 6-8 中的评论时间走势图，可以清晰地看出，评论的高峰期发生在每天的 13 至 15 点，上午的 8 点也会出现一个小高峰。鉴于该网店的用户群体主要还是国内用户，这一结果还是符合我们的直观认知，评论高峰期没有出现在凌晨这一时间段。

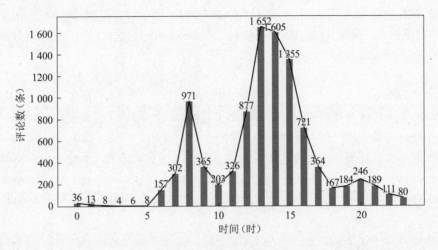

图 6-8 评论时间走势图

6.2.4 利用词袋模型分析

在本节中,主要是利用词袋模型,以标点符号等为标识,先将评论语段拆分成单独的语句;再将相应语句转换为特征向量;之后,通过统计的方法,统计出评论内容中的高频语句;最后通过柱状图、词云图等对高频语句进行展示。

1. 词袋模型的基本概念

词袋模型的目的是将评论内容文本数据转换为数值形式的特征矩阵。一个具体的例子如图 6-9 所示,目标是将"'质量很好,大小合适,版型漂亮,面料柔软透气,穿上很舒服'和'大小合适,裤子穿着也很好,质量很好,穿起来很舒服,挺满意的,很不错。'"两条语句转换为两个具体的特征向量,进而组成特征矩阵。

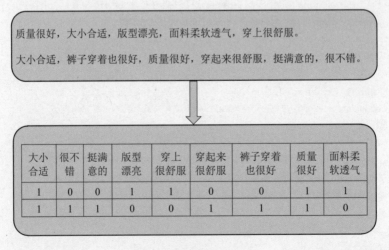

图 6-9 词袋模型示意图

本例中,词袋模型的工作原理,可以理解为,以标点符号为标识,将文本分句后,以所有的语句组成表头,统计相应每条评论中相应语句出现的次数的过程如图 6-9 所示。在 Python 中,代码如下:

```
In[8]:#简化的词袋模型

    fromsklearn. feature_extraction. text import CountVectorizer

    all_comments = ['质量很好,大小合适,版型漂亮,面料柔软透气,穿上很舒服',
                    '大小合适,裤子穿着也很好,质量很好,穿起来很舒服,
                    挺满意的,很不错。']        #数据列表。
    count_vect = CountVectorizer()#创建词袋模型。
    feature = count_vect.fit_transform(all_comments)#模型拟合,并返回特征矩阵。

    print(count_vect.get_feature_names()) #输出语句列表。
    print("----------")
    print('稀疏矩阵:',feature)
    print("----------")
    count_matrix = feature.toarray()
    #词频统计矩阵,实现了将文本向量化的过程。矩阵中的每一行就是一条评论的向量表示。
    print(count_matrix)
    print("----------")
    print("矩阵大小:",count_matrix.shape)
```

这里通过 CountVectorizer()、fit_transform() 创建并拟合词袋模型。使用 get_feature_names_out() 输出词汇列表, toarray() 输出特征矩阵,具体流程和结果如图 6-10 所示。

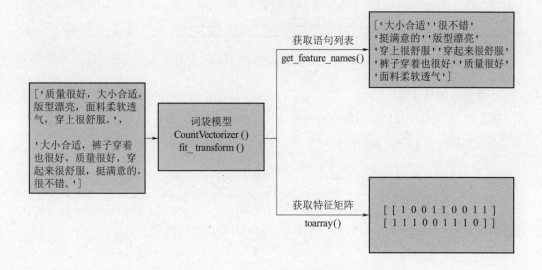

图 6-10　词袋模型具体流程图

2. 将词袋模型用于评论数据集

这里,将本章的数据集输入词袋模型,并对词频进行可视化分析,代码如下:

```
In[9]:#利用词袋模型进行评论内容分析

    all_comments = list(df0['评论内容']) #数据转为列表,方便后续做数据格式转换。
    count_vect = CountVectorizer() #创建词袋模型。
```

```
feature = count_vect.fit_transform(all_comments)
print(count_vect.get_feature_names())#输出语句列表。
count_matrix = feature.toarray()
#生成词频统计矩阵,矩阵中的每一行对应相应评论的向量表示。
print(count_matrix.shape)
print(count_matrix)
```

这里,首先通过 CountVectorizer() 函数,创建了词袋模型。这里您也可以尝试先对评论数据集进行分词,再使用词袋模型,进行更细粒度的分析。接着,使用 fit_transform() 函数,对评论数据集进行模型训练。最后,通过 get_feature_names_out() 输出语句列表,toarray() 输出特征矩阵。最终输出结果如图 6-11 所示。

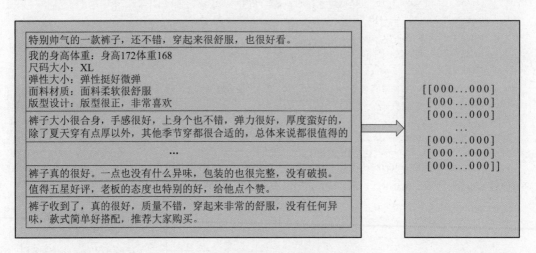

图 6-11　评论数据集特征提取示意图

3. 高频语句柱状图

接下来,主要是统计出数据集中的高频语句,并进行柱状图展示,代码如下:

```
in[10]:#统计评论内容中的高频语句

    word_sum = count_matrix.sum(axis=0) #计算矩阵每一列元素之和。
    word_frequency = pd.Series(word_sum,index=count_vect.get_feature_names())
    #将语句数量、语句名称组成 Series 类型数据,方便排序。
    df1=word_frequency.sort_values(ascending=False) #降序排列。
    df2 = df1[:50]#选取前 50 个高频语句。

    plt.figure(figsize=(20, 10))
    sns.set(font_scale=2,font='SimHei',style='white') #设置字体大小、类型等。
    df2.plot.bar(color='black',width=0.7) #绘制柱状图,柱体颜色设置为黑色。
    plt.xticks(rotation=90,fontsize=18)   #改变标签显示角度为 90、字体大小。
    plt.xlabel('高频语句',labelpad=20)
    #设置 x 轴名称,以及标签离坐标轴的距离。
    plt.ylabel('次 \n 数',rotation=360,labelpad=30)
    #设置 y 轴名称,并让标签文字上下显示。
    plt.show()
```

在获取特征矩阵之后,使用 sum( ) 函数按列求和,计算出了各个语句在数据集中出现的总数。之后通过数据格式转换,筛选出数据集中排名前 50 的高频语句,结果如图 6-12 所示。可以看出整个数据集中出现次数最多的语句是"质量很好",语句"大小合适、裤子收到了、没有色差"等,出现次数也相对较高。

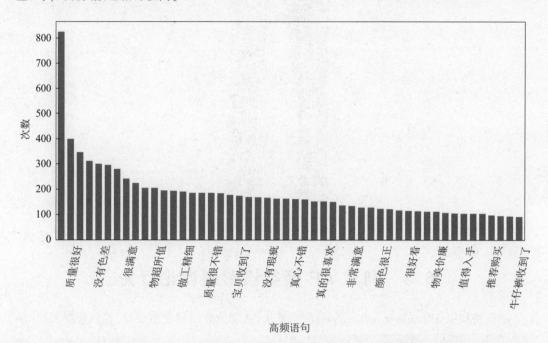

图 6-12　高频语句柱状图(x 轴相隔 3 个显示 1 个标签)

4. 高频语句词云图

下面程序是将高频语句,利用数据分析中典型的图表——词云图进行展示,代码如下:

```
In[11]:#词云图展示评论内容

        plt.figure(figsize=(30, 50))
        mask=np.array(Image.open(r"……\牛仔裤背景图.jpg"))
        #这里省略了背景图存放路径。
        wc=wordcloud.WordCloud(mask=mask,
                               font_path=r"C:/Windows/Fonts/simhei.ttf",
                               background_color='white'
                               )
        wc.generate_from_frequencies(word_frequency) #生成词云图。
        plt.imshow(wc)  #显示词云。
        plt.axis('off') #关闭坐标轴。
        plt.show()      #显示图像。
```

在获取高频语句之后,利用 wordcloud 词云库中相关函数,以牛仔裤为背景,生成评论数据集的词云图如图 6-13 所示。词云图作为大数据分析中典型的图表之一,可以较为直观地展示数据集中的词频分布情况。在图 6-13 中,首先映入眼帘的是"质量很好"等突出语句。

图 6-13　高频语句词云图

6.3　利用 AP 聚类识别刷评论行为

本节将利用 AP（affinity propagation）聚类算法，从理论介绍到模型设计，再到程序实现，详细介绍数据建模的一般步骤。

6.3.1　AP 聚类基本概念

AP（affinity propagation）聚类算法，又称近邻传播算法，或者亲和力传播算法。AP 聚类算法的大致过程可以理解为：吸引度（responsibility）和归属度（availability）两个信息交替更新，在满足终止条件后，输出聚类中心和类别等的过程如图 6-14 所示。

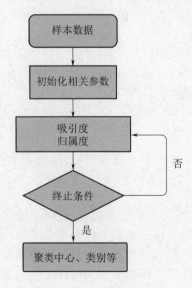

图 6-14　AP 聚类流程图

其中,吸引度(responsibility)的迭代公式如下:

$$r(i,k) \leftarrow s(i,k) - \max_{k's.t.k' \neq k} \{a(i,k') + s(i,k')\} \qquad (6\text{-}1)$$

其中,$s(i,k)$指样本 i 和样本 k 之间的相似度,如负的欧式距离等。

归属度(availability)的迭代公式如下:

$$a(i,k) \leftarrow \min\{0, r(k,k) + \sum_{i's.t.i' \notin \{i,k\}} \max\{0, r(i',k)\}\} \qquad (6\text{-}2)$$

当 $i=k$ 时,归属度表示为:

$$a(k,k) \leftarrow \sum_{i's.t.i' \neq k} \max\{0, r(k',k)\} \qquad (6\text{-}3)$$

在迭代开始,r 和 a 都被初始化为 0,然后开始迭代,直到收敛。

在迭代过程中,为了防止数据出现振荡,在 r 和 a 的迭代过程中,引入了阻尼因子 λ:

$$r_{t+1}(i,k) = \lambda \cdot r_t(i,k) + (1 - \lambda) \cdot r_{t+1}(i,k) \qquad (6\text{-}4)$$

$$a_{t+1}(i,k) = \lambda \cdot a_t(i,k) + (1 - \lambda) \cdot a_{t+1}(i,k) \qquad (6\text{-}5)$$

其中,t 指迭代次数。

当聚类结果不发生变化,或者达到指定的迭代次数,迭代终止。再通过决策矩阵,确定聚类的中心和类别等。

AP 聚类具有较多优点,比如不需要指定类似 K-means 算法中的 K 值,多次执行仍然可以获得相同的结果等。但也存在算法复杂度较高等缺点,在数据集较大时,运算时间可能相对较长等。

关于 AP 聚类,这里仅仅作了一些基本的解释,更深入的细节,读者如果有兴趣可以联系作者进行探讨。如果暂时无法深入理解该算法的原理也不必深究,Python 中已经有相应的库函数可以直接调用,可以在程序调通后,再深入研究该算法细节。

6.3.2　模型设计

本章的主要目的是通过评论数据集,筛选出疑似刷单的评论,其基本流程如图 6-15 所示。

在获取评论数据集之后,首先,通过 TF-IDF 的方式,对文本数据集进行特征提取,生成特征矩阵。接着,利用 PCA(主成分分析)的方法,将高维的特征矩阵降维,生成低维的特征矩阵。然后,将低维特征矩阵输入 AP 聚类模型,获取"聚类中心、聚类类别"等信息。最后,通过计算各个特征点到聚类中心的距离,选取离聚类中心最近的若干条评论,作为疑似刷单评论。

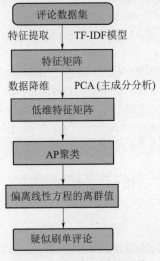

图 6-15　刷单识别流程图

6.3.3 程序实现

本小节主要利用 Python 语言,实现 6.3.2 小节中的模型。

1. 读取评论数据集

在建模前,首先导入必要的依赖库,以及读取评论数据集,代码如下:

```
In[1]:#读取评论数据集

      import pandas as pd
      import numpy as np
      import matplotlib.pyplot as plt
      import seaborn as sns
      fromsklearn import metrics
      fromsklearn.feature_extraction.text import CountVectorizer
      fromsklearn.feature_extraction.text import TfidfTransformer
      fromsklearn.feature_extraction.text import TfidfVectorizer
      fromsklearn.decomposition import PCA
      fromsklearn.cluster import AffinityPropagation
      fromitertools import cycle
      fromsklearn.metrics import silhouette_score,silhouette_samples

      df0 = pd.read_excel(r'……\01牛仔裤数据集.xlsx',index_col=0) #读取数据。
      df0
```

本段程序通过 pandas 库中的 read_excel() 函数读取了评论数据集,结果如图 6-16 所示,数据集包含了 9 950 行×5 列的数据,而评论时间列数据被设置成了索引。

评论时间	评论内容	颜色	尺码	商品编号
2021-05-02 13:53:28	特别帅气的一款裤子,还不错,穿起来很舒服,也很好看。	灰色	XL	100010******
2021-12-18 16:20:41	我的身高体重:身高172,体重168 …	灰色	XL	100010******
2021-06-24 20:06:42	裤子大小很合身,手感很好,上身个也不错,弹力很好,…	灰色	XL	100010******
2021-12-06 16:51:47	超喜欢**配送速度,隔天就送到家门口了?商品很好,…	灰色	XL	100010******
2021-05-15 22:43:25	首先感谢客服,感谢客服很有耐心的为我解答所有问题,…	灰色	2XL	100010******
…	…	…	…	…
2022-01-17 10:53:20	非常满意的一次购物体验,质量很好,穿起来非常的舒服…	黑色	XL	100018******
2022-01-24 13:27:48	裤子已经收到了,质量真的很好,客服态度也不错,…	黑色	XL	100018******
2022-01-20 17:50:23	裤子真的很好。一点也没有什么异味,包装的也很完整,…	黑色	XL	100018******
2022-01-27 21:14:18	值得五星好评,老板的态度也特别的好,给他点个赞。	黑色	XL	100018******
2022-01-28 09:02:55	裤子收到了,真的很好,质量不错,穿起来非常的舒服,…	黑色	XL	100018******

图 6-16 评论数据集

2. TF-IDF 特征提取

这里利用 TF-IDF 模型对文本数据集进行特征提取,将评论数据转换成数值数据,代码如下:

```
In[2]:#利用 TF-IDF 模型,实现特征提取

    df2 = list(df0['评论内容']) #数据转为列表格式。
    tfidf = TfidfVectorizer() #创建 TF-IDF 模型,这里均使用默认参数。
    weight=tfidf.fit_transform(df2) #模型训练。
    tfidf_matrix = weight.toarray()
    #导出特征矩阵,矩阵中的每一行代表一条评论的向量表示。
    print("特征矩阵大小:",tfidf_matrix.shape)
    print('-----------------------------------')
    print('特征矩阵为:')
    print(tfidf_matrix)
```

　　本章中对文本数据执行机器学习等算法时,首先需要做的是将文本内容转换为数值形式的特征矩阵。在 6.2.4 小节中,我们利用词袋模型实现了对评论数据集的特征提取,但是该方法存在一个问题,长文本可能比短的文本单词出现次数更高(尽管它们可能表达同一个主题)。因此这里采用改进的 TF-IDF 模型进行特征提取,这里不再对 TF-IDF 模型的原理进行展开,读者可以自行查阅相关资料进行深入了解。

　　在本段程序中,通过 TfidfVectorizer() 函数创建了 TF-IDF 模型,通过 fit_transform() 函数实现对模型的训练。最后,通过 toarray() 函数输出了如下的特征矩阵:

```
Out[2]:

特征矩阵大小: (9950, 13542)
-----------------------------------
特征矩阵为:
[[0. 0. 0. ... 0. 0. 0.]
 [0. 0. 0. ... 0. 0. 0.]
 [0. 0. 0. ... 0. 0. 0.]
 ...
 [0. 0. 0. ... 0. 0. 0.]
 [0. 0. 0. ... 0. 0. 0.]]
```

3. PCA 数据降维

　　这里采用主成分分析(PCA)的方法,对特征矩阵进行降维,代码如下:

```
In[3]:#利用 PCA 进行数据降维

    pca = PCA(n_components=2) #降维成 2 维数据.
    X =pca.fit_transform(tfidf_matrix)
    print(X)
```

　　本章中对特征矩阵降维的目的,一方面是为了降低运算量,另一方面是为了在二维平面上直观的展示。本节中,特征矩阵为一个 9 950 行×13 542 列的矩阵,如果将每一列视为数据集的一个维度,那么特征数据集是一个 13 542 维的高维数据,这个维度的数据较难在二维平面上直观的展示。为了实现数据降维,这里使用 PCA 的方法,将一个 13 542 维的高维数据降维成了一个二维的数据。

　　这里我们没有对 PCA 的原理进行展开,具体实现方法则是使用 sklearn 库中的 PCA()、fit_transform() 函数等,最终输出的降维后的特征矩阵,显示如下:

```
Out[3]:

[[-0.02926646    -0.01745056]
 [-0.0311796     -0.0231919 ]
 [-0.02828421    -0.01775314]
 ...
 [-0.03138324    -0.01965766]
 [-0.0305547     -0.0186862 ]
 [-0.01087739     0.04599607]]
```

为了更直观地观察降维后的特征矩阵数据,这里通过散点图进行展示,代码如下:

```
In[4]:#降维结果可视化

       plt.figure(figsize=(20,13))
       sns.set(font_scale=2,font='SimHei',style='white') #设置字体大小、类型等。
       plt.scatter(X[:,0],X[:,1], #横坐标、纵坐标。
                   s=10,
                   c='black'
                   )
       plt.xlabel('主成分1',labelpad=15)      #设置 X 轴名称。
       plt.ylabel('主 \n 成 \n 分 \n2',rotation=360,labelpad=30)
       #设置 Y 轴名称,并让标签文字上下显示。
       plt.show()
```

这里将降维后的第一主成分视为二维平面中的 x 轴,将第二主成分视为二维平面中的 y 轴,降维后的各个数据点如图 6-17 所示,可以看出降维后的数据出现了较为明显的密集区域。

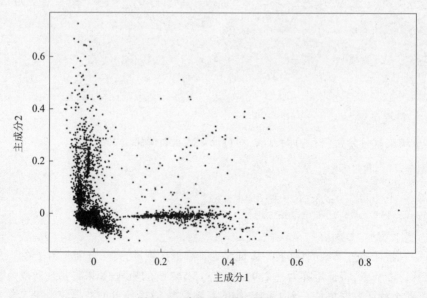

图 6-17　降维后的特征数据点

4. AP 聚类

这里使用聚类算法中的 AP(affinity propagation)聚类算法,对降维后的特征数据进行聚类分析,代码如下:

```
In[5]:#模型训练

    model =AffinityPropagation(preference=-10,damping=0.9)
    #创建近邻传播模型。
    af = model.fit(X) #模型训练。

    labels = af.labels_ #聚类类别标签。
    center_coordinates = af.cluster_centers_ #聚类中心坐标。
    print('聚类中心坐标为:')
    print(center_coordinates)

    cluster_centers_indices = af.cluster_centers_indices_ #聚类中心索引。
    n_clusters_ = len(cluster_centers_indices) #聚类数量。
```

关于 AP 聚类算法的原理,可以参照 6.3.1 小节。算法的使用也相对简单,通过调用 AffinityPropagation() 函数,设置好相应参数后,便可以创建 AP 聚类模型。接着通过 fit() 函数实现对模型的训练。最后,可以通过 labels_ 输出聚类类别标签,cluster_centers_ 输出聚类中心坐标。本数据集的聚类中心坐标如下:

```
Out[5]:

聚类中心坐标为:
[[  0.26792954 -0.00250156]
 [-0.01944747  0.25681124]
 [-0.02227693 -0.01507057]]
```

为了更直观地观察聚类中心、聚类类别等,这里将聚类结果进行可视化展示,代码如下:

```
In[6]:#聚类结果示意图

    plt.close("all")
    plt.figure(figsize=(20,13))
    sns.set(font_scale=2,font='SimHei',style='white') #设置字体大小、类型等。
    colors = cycle("bgrcmykbgrcmykbgrcmykbgrcmyk")
    for k, col in zip(range(n_clusters_), colors):
        class_members = labels == k
        cluster_center = X[cluster_centers_indices[k]]
        plt.plot(X[class_members, 0], X[class_members, 1], col + ".")

        for x in X[class_members]:
            plt.plot([cluster_center[0], x[0]], [cluster_center[1], x[1]], col)
            plt.plot(
            cluster_center[0],
            cluster_center[1],
            "o",
            markerfacecolor=col,
            markeredgecolor="k",
            markersize=14,
        )
    plt.xlabel('主成分1',labelpad=15)     #设置 X 轴名称。
    plt.ylabel('主\n成\n分\n2',rotation=360,labelpad=30)
    #设置 Y 轴名称,并让标签文字上下显示。
    plt.show()
```

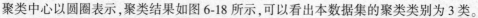

聚类中心以圆圈表示,聚类结果如图 6-18 所示,可以看出本数据集的聚类类别为 3 类。

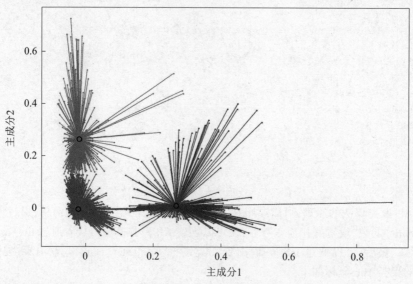

图 6-18　聚类结果图

5. 模型评估

这里使用轮廓系数对聚类效果进行评估,代码如下:

```
In[7]:#模型评估

    k_pre = af.fit_predict(X)
    sil_score = silhouette_score(X,k_pre)
    sil_samp_val = silhouette_samples(X,k_pre)#计算每个样本的 silhouette 值
    plt.figure(figsize=(20,10))
    y_lower = 10
    n_clu = len(np.unique(k_pre))
    for j in np.arange(n_clu):
        clu_sil_samp_sort_j = np.sort(sil_samp_val[k_pre==j])
        size_j = len(clu_sil_samp_sort_j) #计算第 j 类数量。
        y_upper = y_lower + size_j
        plt.fill_betweenx(np.arange(y_lower,y_upper),0,clu_sil_samp_sort_j)
        plt.text(-0.05,y_lower+0.5* size_j,str(j))
        #plt.text()给图形添加数据标签。
        y_lower = y_upper + 5
    plt.axvline(x=sil_score,color="red",label="mean:"+str(np.round(sil_score,3)))
    #axvline()用于画出图形中的竖线。
    plt.xlim([-0.1,1])
    plt.yticks([])
    plt.xlabel('轮廓系数')      #设置 X 轴名称。
    plt.ylabel('类别标签')      #设置 Y 轴名称。
    plt.legend(loc=1)
    plt.show()
```

轮廓系数表示样本分离度和聚集度之差除以两者之中较大的一个,用公式可以表示为

$$S^{(i)} = \frac{b^{(i)} - a^{(i)}}{\max\left\{b^{(i)}, a^{(i)}\right\}} \tag{6-6}$$

其中，$S^{(i)}$ 表示样本 i 的轮廓系数；$b^{(i)}$ 表示样本分离度，即样本 i 与其他族群所有样本之间的平均距离；$a^{(i)}$ 表示样本聚集度，即样本 i 与同类的所有样本的平均距离。

轮廓系数的取值范围为 $-1 \sim 1$，越接近 1 说明聚类效果越好。本例使用 silhouette_score() 方法计算平均轮廓系数，使用 silhouette_samples() 方法计算每个样本的轮廓系数，并根据每个样本的得分绘制平面填充图如图 6-19 所示。由图可知，轮廓系数均值为 0.826，说明聚类效果良好。

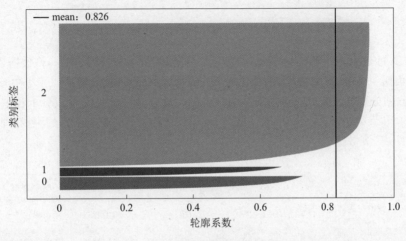

图 6-19　轮廓系数图

6. 输出疑似刷单评论

在得到聚类中心、聚类类别等信息后，下面通过计算各个样本点到对应聚类中心的距离，进而选取离聚类中心较近的样本，作为疑似刷单评论，代码如下：

```
In[8]:#计算样本点到聚类中心的距离

    df3 = pd.DataFrame({'评论内容':df0['评论内容'],
                        '主成分1':X[:,0],
                        '主成分2':X[:,1],
                        '类别':af.labels_,
                        }) #数据整合。

    df3['聚类中心0']=df3['类别']
    #增加'聚类中心0'列,方便后续用替换的方法,将其替换为相应类别聚类中心坐标。
    df3['聚类中心1']=df3['类别'] #增加'聚类中心1'列。

    df3['聚类中心0'].replace([0,1,2],
                            [center_coordinates[0][0],
                            center_coordinates[1][0],
                            center_coordinates[2][0]],
                            inplace=True)
    #替换'聚类中心0'列的数据。比如,类别为0的样本,(聚类中心0,聚类中心1)
    #两列数据,将被替换为该类别的聚类中心坐标(center_coordinates[0][0],
    #center_coordinates[0][1])。

    df3['聚类中心1'].replace([0,1,2],
                            [center_coordinates[0][1],
```

```
                              center_coordinates[1][1],
                              center_coordinates[2][1]],
                              inplace=True) #替换'聚类中心1'列的数据。

    df3['到中心距离'] = np.linalg.norm(df3.iloc[:, [1,2]].values
                              - df3.iloc[:, [4,5]].values,
                              axis=1)
    #计算降维后的样本点到聚类中心的欧式距离,即计算(主成分1,主成分2)和
    #(聚类中心0,聚类中心1)两点间的欧式距离。
    df3
```

聚类结果的数据表如图 6-20 所示。在获取了降维后的主成分后,首先,将数据整合为新的 DataFrame 数据。接着,新增"聚类中心 0,聚类中心 1"两列数据。之后,将"聚类中心 0,聚类中心 1"两列数据分别替换成对应类别聚类中心坐标。最后,通过计算(主成分 1 和主成分 2)与(聚类中心 0 和聚类中心 1)之间的欧式距离,得出各个样本点到聚类中心的距离,即图 6-20 中的"到中心距离"列数据。

评论时间	评论内容	主成分1	主成分2	类别	聚类中心0	聚类中心1	到中心距离
2021-05-02 13:53:28	特别帅气的一款裤子,还不错,…	-0.029148	-0.017926	0	-0.022885	-0.014952	0.006933
2021-12-18 16:20:41	我的身高体重:身高172,体重168 …	-0.031178	-0.023420	0	-0.022885	-0.014952	0.011852
2021-06-24 20:06:42	裤子大小很合身,手感很好,上身个也…	-0.028282	-0.017794	0	-0.022885	-0.014952	0.006099
2021-12-06 16:51:47	超喜欢**配送速度,隔天就送到家…	-0.030792	-0.018944	0	-0.022885	-0.014952	0.008858
2021-05-15 22:43:25	首先感谢客服,感谢客服很有耐心的为…	-0.033390	0.031674	0	-0.022885	-0.014952	0.047794
…	…	…	…	…			
2022-01-17 10:53:20	非常满意的一次购物体验,质量很好…	0.205409	-0.007839	1	0.267850	-0.000266	0.062898
2022-01-24 13:27:48	裤子已经收到了,质量真的很好,…	-0.025741	-0.029469	0	-0.022885	-0.014952	0.014795
2022-01-20 17:50:23	裤子真的很好。一点也没有什么异味,…	-0.031384	-0.019732	0	-0.022885	-0.014952	0.009750
2022-01-27 21:14:18	值得五星好评,老板的态度也特别的好,…	-0.030552	-0.018759	0	-0.022885	-0.014952	0.008560
2022-01-28 09:02:55	裤子收到了,真的很好,质量不错,…	-0.010832	0.048856	0	-0.022885	-0.014952	0.064936

图 6-20 聚类结果数据表

接下来输出疑似刷单评论,代码如下:

```
In[9]:#输出疑似刷单评论

    groups = df3.groupby('类别') #groupby()用于进行数据的分组.
    for name, group in groups:
        group1 = group.sort_values(by='到中心距离')
        #按照到聚类中心的距离,从小到大进行排序。
        group2 =  group1[['评论内容']]
        print("该簇群所含评论数量为",'%d' % (len(group1)))
        print("疑似刷单的10条评论是:")
        print(group2.head(10))
        print('\n-----------------------------------------------------------')
```

在获取各个样本点到聚类中心的距离后,通过 sort_values() 函数实现对样本数据按照距离大小进行降序排列。最终,输出离该类聚类中心最近的 10 条评论作为疑似刷单评论。下面打印出了其中两类疑似刷单评论。

其中一类疑似刷单评论如下。可以看出在评论时间 2021-09-30 14:18:25,出现了"潮流,质量很好,做工不错。"两条相同的评论。同时,我们看到该类评论中大都出现了"质量很好"的字样,显示如下:

```
Out[9]:

该簇群所含评论数量为 802
疑似刷单的 10 条评论是:


评论时间                              评论内容
2022-01-25 09:38:49    弹性十足,厚度刚好,做工不错,质量很好。
2021-09-30 14:18:25    潮流,质量很好,做工不错。
2021-09-30 14:18:25    潮流,质量很好,做工不错。
2021-03-14 13:16:29    质量很好,面料很好,手感很不错。
2021-11-15 15:10:24    非常满意的一次购物体验,做工很精致,质量很好,尺码标准,推荐购买。
2021-03-27 08:37:59    质量很好,物流很快,性价比超高,推荐大家入手。
2021-06-11 12:03:43    质量很好,弹性十足,穿得很舒服,一点也不紧绷。
2021-08-25 13:37:11    弹性十足,质量很好,尺码合适,做工水平非常高。
2021-05-04 13:36:12    质量很好,客服推荐的尺码很合适,水洗不掉色,真的很喜欢。
2021-10-24 15:18:00    物流很快,质量很好,和实体店买的一模一样。
------------------------------------------------------------------
```

另一疑似刷单评论数据簇如下,可以看出该类数据中"大小合适"字样较为普遍,显示如下:

```
该簇群所含评论数量为 563
疑似刷单的 10 条评论是:


评论时间                              评论内容
2022-01-05 12:43:44    穿着很有型,质量很不错,大小合适,款式不错,真的很好很舒适,真的很棒。
2021-03-21 08:20:29    真的很不错,真的很不错的,大小合适。
2021-10-29 08:21:50    已经收到了,真的很好看,很不错。穿着很舒服,真的很棒。
2021-12-27 17:26:44    大小合适,客服推荐的尺码很标准,非常的专业,很喜欢。
2021-11-16 10:08:12    裤子收到就试穿了,很不错,大小合适,很有弹性不紧绷!
2021-09-30 14:59:35    超级的满意,也很喜欢,大小合适。
2021-09-11 14:09:03    水洗之后不起球不掉色,穿着很舒服,真心不错,真的很棒。
2021-07-21 12:53:54    穿着好看,简单大方,真心不错,大小合适。芝麻大小合适。
2021-07-23 13:43:25    牛仔裤好看,大小合适,物超所值。
2021-09-18 13:27:26    面料质感很好,大小合适,包装的很用心。
------------------------------------------------------------------
```

至此,关于刷单识别的算法已基本完成,我们给出两类疑似刷单数据,至于能不能以此就断定该店铺存在刷单行为,本章不再展开,有兴趣的读者可以从业务的角度进行更深入的探究。

6.3.4 聚类算法

在 Sklearn 库中,除了 AP 算法,还提供了其他聚类模型,部分模型创建方法,以及输出类别等信息的语句见表6-2,有兴趣的读者也可以尝试其他聚类算法,进而设计出自己的模型。

表6-2 聚类模型调用方法表

算法名称	模型创建	模型训练	类别标签	聚类中心
Affinity Propagation (近邻传播聚类)	AffinityPropagation()	fit()	labels_	cluster_centers_
K-means (K 均值聚类)	KMeans()	fit( )	labels_	cluster_centers_
Mean-shift (均值漂移)	MeanShift()	fit( )	labels_	cluster_centers_
Spectral clustering (谱聚类)	SpectralClustering()	fit( )	labels_	
Hierarchical clustering (层次聚类)	AgglomerativeClustering()	fit( )	labels_	
DBSCAN (密度聚类)	DBSCAN()	fit( )	labels_	
OPTICS	OPTICS()	fit( )	labels_	
Birch (综合层次聚类)	Birch()	fit()	labels_	

—— **本章小结** ——

本章中,我们尝试对电商平台刷单行为进行识别。通过数据建模的思想,将如何识别刷单这一现实问题一步步缩小,进而从刷评论这一个维度切入,尝试识别刷单行为。在探索性数据分析中,通过商品颜色、商品尺码、评论时间的分布情况,分析数据分布的合理性,进而判断是否存在刷单嫌疑。最后,综合利用了 TF-IDF 特征提取、PCA 数据降维、AP 聚类等算法,设计出一套基于 AP 聚类的识别刷评论的方法,最终输出了疑似刷单的相似评论。

然而,本章仅仅是实践方面的探索,相关算法原理细节并未进行深入讲解,这可能需要查阅相关资料进行自学。想要设计一套在现实工作中行之有效的模型并非一件易事,可能还需要充分考虑业务需求,综合各种方法不断地完善,有兴趣的读者可以继续探究,最终形成自己的方法。